U0070093
Hello My Dog

Hello My Dog

汪星人的侍奉公開說明書

在外當社畜不如回家當孝子，
有了毛孩讓你不再感到孤單

圖/文——吳侖度
編審/諮詢——車鎮源獸醫師　翻譯——蔡忠仁

圖／文
吳俞度
諮詢／編審
車鎮元
獸醫師
企劃／責任編
（韓國）
楊靜

作者序

大家好，我是拉姆的管家－吳侖度。

在webtoon上以特輯方式連載的毛孩系列「我愛拉姆、拉姆萬歲」，因webtoon這個契機，與編輯結緣，並出版了《汪星人管家業務日記》一書。

也因為每週連載的webtoon與《汪星人管家業務日記》的寫書作業，忙的不可開交，而真正有陪伴拉姆的時間也減少許多。但懂事的拉姆從不吵鬧，就乖巧地待在一旁，讓我能夠好好專心在我的工作上，真的很感謝這樣可愛的牠。再加上，要是沒有拉姆，我就沒辦法寫出這麼棒的書籍，更加感受到與拉姆這份特別的緣分。

《汪星人管家業務日記》一書內容不單單只是傳遞訊息，裡面紀錄的都是現在我與汪汪共同生活的故事。從初次見面到離別的瞬間、所經歷的種種情況、生活小插曲與照顧方法，還有與車鎮元院長的Q&A單元，令執事們都能夠獲得正確所需的知識。對家中有養汪的人來說，這會是本很有共鳴、擁有諸多良好資訊的書籍。

雖然我和拉姆經歷了許多大小事，但每每碰到新狀況還是很慌張。有時不禁會想，是不是我用自己偏好的方式在對待拉姆呢？

而各位在這時候，就可以回想書中的小故事和資訊，來幫助理解、與陪伴自家的汪汪。而且，若能帶來「我們家的汪汪也是!」的共鳴，那就更好不過了。

Thanks to...

感謝給予我這次參與出書機會的編輯、介紹我認養流浪狗的好朋友素縈、讓我和拉姆結緣的狗留居CAFE、疼愛拉姆的各位家人、以及我生命的活力來源－拉姆。最後，更加感謝帶著想多理解流浪狗、或是想認養流浪狗心情的你，來翻閱此書。

幸福的毛孩管家　吳侖度

Contents

PART 1
愛犬領養

PART 2
愛犬食物

PART 3
愛犬的生活日常

PART 4
健康的愛犬

PART 5 乾淨的愛犬

PART 6 與愛犬購物趣

PART 7 與愛犬外出記

PART 8 老年和離別

#主題
以愛犬成長過程中
可能會發生的所有
狀況為主題。

#Know-How
窺探現職狗主
人傳授的芝麻
蒜皮情資。

#漫畫
將狗主人與愛犬日
常生活用4格漫畫
呈現，讓你更了解
愛犬。

01
愛犬領養準備

以領養
代替購買

拉姆在1歲多時，我透過寵物領養中心領養了牠。因此，沒有參與到小拉姆幼犬時期，是我的遺憾。一般來說，剛出生的小狗與狗媽媽一起生活3個月左右再被領養的話，在免疫力和適應社會的能力會比較好。出生後的前3個月，野外活動等各方面都得特別注意。

10

從初次見面到永久離別，
記錄愛犬每一刻的業務日誌。

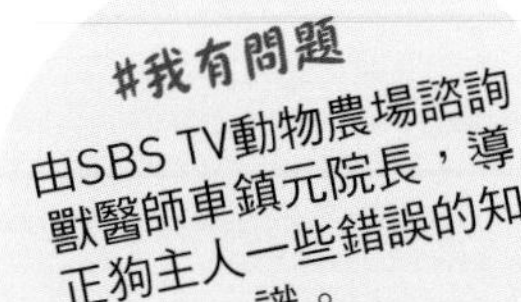

#Talk！Talk！Talk！

對待愛犬，狗主人該具備的正確心態，一起來學習。

#我有問題

由SBS TV動物農場諮詢獸醫師車鎮元院長，導正狗主人一些錯誤的知識。

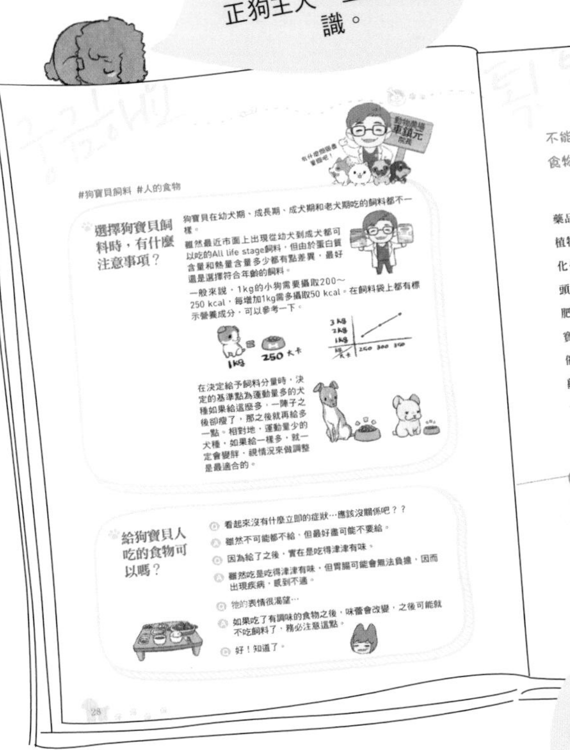

#犬種介紹

對即將成為狗主人的你，提供各類犬種的基本知識，讓你能充分了解。

PART 1
愛犬領養

01

愛犬領養準備

#1 當狗主人的準備

以領養代替購買

拉姆在1歲多時，我透過寵物領養中心領養了牠。因此，沒有參與到小拉姆幼犬時期，是我的遺憾。一般來説，剛出生的小狗與狗媽媽一起生活3個月左右再被領養的話，在免疫力和適應社會的能力會比較好。出生後的前3個月，野外活動等各方面都得特別注意。

#2 快過來，拉姆！

購物
一定只買必需品

領養前，瘋狂採買了飼料、零食、餐具、尿墊、狗便盆、排便誘導劑、胸背帶、項圈和清耳液等。不過，拉姆一定要到外面排便，比起胸背帶，拉姆更喜歡項圈。如果不想像我一樣當冤大頭，就不要太貪心，建議除了購買基本的必需品之外，熟悉狗寶貝的習性後，再慢慢地購買。

#領養時期 #準備物品 #睡眠時間

什麼時候是領養的最佳時期呢？

A 當狗寶貝已經準備好成為家庭的一員時，就是領養的最佳時期。

Q 如果心理已經準備好，最佳時期是什麼時候呢？

A 如果一定要定義出一個時期的話，以季節來看，最適當的時期是春天跟秋天。

Q 春天和秋天都是很好的季節！有什麼特別的原因嗎？

A 以季節來說，如果天氣變化較大，常常會因為壓力而誘發一些疾病，因此，以呼吸道及消化道較不易發生問題的季節較為適合。

領養必須準備什麼？

A 第一必須具備負責任的決心！第二是家和飼料、排便器具等狗寶貝需要的基本用品！第三是對於狗寶貝的基本知識。

Q 決心、錢和知識！

A 需要具備什麼食物不可以吃？預防接種的時間點？生病時要如何處理等基本知識。

Q 緊急時，可以上網找資料與答案嗎？

A 嗯…盡可能不要自己做判斷，還是將狗寶貝帶到醫院吧！

幼犬時期的睡眠時間需要多長呢？

A 通常幼犬一天大概需要睡到20個小時左右，成犬大概是12~14個小時。

Q 啊！原來長大後，睡久一點是不需要太擔心的事！

A 身體不舒服的時候，可能會睡得比平常久一些，重要的是，平時要多記錄牠的睡眠時數。

Q 為什麼睡這麼久呢？是因為每天熱情「工作」展現可愛、淘氣太累了嗎？

A …啊？

在領養中心第一次
見到拉姆的照片

透過流浪狗收容所

第一次見到因為排便問題，

兩次被棄養，再次來到臨時保護所的拉姆。

與狗寶貝一起生活，

不是只有一顆喜歡動物的心就可以了，

事前必須充分的評估與準備。

比熊犬 BICHON FRISE

- 產地：法國、比利時
- 體重：5～10kg（3～6kg）　體型：小型
- 外表特徵：白色棉花糖般
- 性格：獨立性強、情感豐富、聰明伶俐
- 運動量：普通
- 注意疾病：白內障、癲癇、遺傳性稀毛症、易因興奮或壓力而發抖
- 毛色：白色、米色、皮膚色
- 親和性：高　掉毛：少

智力高，聽從主人的話與行動，可進行訓練的聰明狗種。個性活潑，獨立性強，自己獨自在家也很溫順乖巧，喜歡與人親近，不適合看家。如棉花糖般軟綿綿的毛髮是其特徵，如果要維持柔順的毛髮，必須每天勤勞用心地梳理。在優雅的毛髮下，藏著結實的肌肉，但屬於易胖體質，需要經常帶出門散步和運動。

02

領養愛犬

#1 寵物取名與晶片植入

寵物都要登記

飼養狗寶貝的人必須要與愛犬，到居住地附近政府所指定的寵物登記單位進行登記。3個月以上的狗寶貝都是需要登記的對象，如果沒有植入晶片的話，會受到罰款處罰。詳細的事項內容請上行政院農業委員會的網頁查看，或向居住地所屬的縣市政府權責單位詢問。

#2 愛犬預防接種

進行預防接種

狗媽媽遺傳給狗兒子的免疫力，在出生約45天之後就會開始下降。接受預防接種則可增強身體的抗體，而進行預防接種的時機為出生後6週到4個月大前。根據獸醫師的指示，必須在進行綜合疫苗、冠狀病毒腸炎、犬舍咳、狂犬病和流感等預防接種後，再做抗體的檢查。接種完當天需要休養，2～3天後再洗澡、外出或運動比較適當。更詳細的內容請向專業的獸醫師諮詢。

#晶片植入 #預防接種

狗寶貝植入的晶片在身體裡移動，對身體會有什麼危害嗎？

A 還真是過於擔心，整體來說，幾乎沒有什麼副作用。

Q 畢竟是植入體內，晶片有沒有不良的可能性？

A 雖然可能有一點點的副作用，但以國外的案例來看，一萬件裡可能只出現一件，機率非常的低。其中除了晶片辨識判讀不良的問題之外，發生其他問題的可能性更是微忽其微。

Q 哦哦！晶片的大小有多大呢？

A 由於科技的發達，晶片的大小約8mm以下，甚至更小，所以幾乎沒有什麼副作用。

Q 因為聽到是晶片，以為是方型的，原來只有米粒大小而已。

為什麼每年都要進行預防接種及抗體的檢查呢？

A 預防疾病是非常重要的，在沒有預防的情況下，經常發生疾病找上門的情況。特別是犬瘟熱和犬隻病毒性腸炎的致死率高，因此不可以不進行預防接種。

Q 那麼，一定要一年接受一次預防接種嗎？

A 有些犬種體內的抗體可以持續，有些犬種體內的抗體不到一年就消失不見了。可能的話，先進行抗體檢查後，再決定是否要進行預防接種。

Q 原來健康手冊上必須要有預防接種及抗體檢查項目的原因是這樣！

一石二鳥的墊子
減少樓層間噪音＋防滑保護關節

想像一下住在有庭院可以盡情奔跑的透天厝，在這飼養愛犬的情況。

但現實是現今社會多數人是住在沒有庭院的房子，拉姆與我也是住在公寓裡。

與我們美好的想像不同，

在外面遊蕩的狗兒們，存在著許多危險因子，

可能會被蚊蟲叮咬，亦或是誤食危險的異物。

住在大樓或公寓其實也能盡情地在墊子上奔跑，要是有空也可常去外面散步，一邊觀察愛犬，一邊快樂的一起生活。

博美犬 POMERANIAN

- 產地：德國
- 體重：1.3～3.2kg　　體型：小型
- 外表特徵：嘴巴短小、臉型較尖挺，身體像球一般圓滾滾，有著蓬鬆的毛髮
- 性格：好奇心強，體型比較嬌小，有著開朗的性格
- 運動量：多
- 注意疾病：骨折、膝關節脫臼、多淚症
- 毛色：橘色、乳白色、黑色、藍色
- 親和性：高　　掉毛：多

外貌較精明俐落，具有開朗性格的犬種。很會撒嬌、慾望高、學習意志強，但如果不能如意時，會較神經質。個性固執，反複訓練的話，較容易失去興趣，因此訓練時間需集中且較短一些。毛髮容易脫落，需經常梳理。如果將其毛髮剃光，之後長出來的毛髮會比較不蓬鬆，需要特別注意。腿部骨骼較虛弱，從幼犬時期就得多注意攝取讓骨骼強健的鈣質。

03

愛犬排便訓練

#1 誤打正著的陽台

排便訓練就像馬拉松賽跑

應該沒有排便訓練第一次就成功的狗寶貝。重點在於增加狗寶貝排便訓練成功的次數，成功的話，給予稱讚及獎賞也是很重要的。在排便訓練時期投入多一點時間與心力，持續地觀察愛犬的狀況。

#2 詐騙專家犬

排便要在乾淨且安靜的地方～

拉姆在排便的訓練過程中，從廁所到陽台，最終決定了自己想要的地方。排便訓練的初期，用狗便盆和尿布墊來誘導。排便的地方由最初的4～5個地方逐漸減少，到最後指定的地方。重要的是平常須保持乾淨，讓狗寶貝有一個乾淨且安靜的地方排便。

#狗便盆 #排便誘導劑

如果是討厭狗便盆的小狗該怎麼辦？

Ⓐ 首先，狗寶貝在排便時是處於無防備的狀態，因為感到不安，所以才會這樣子。

Ⓠ 因為這樣子才需要狗主人的守護？？！！

Ⓐ 在狗便盆周圍鋪上多一點報紙或是尿布墊，狗寶貝在狗便盆上面排便後，給予瘋狂式的稱讚。無視報紙上的大便，將它們移到狗便盆上，最重要的還是在成功之前所需要的耐心。

Ⓠ 原來需要耐心和毅力！

排便誘導劑等有效果嗎？

Ⓐ 市售的排便誘導劑是經過測試後才開始販售的，某種程度上可見效果，但並非100%。

Ⓠ 那麼哪一種排便誘導劑比較好呢？

Ⓐ 最好的排便誘導劑是狗寶貝自己的小便。在狗便盆上沾一點牠自己的小便，會被認知為牠自己的廁所，還有…

Ⓠ 還有…？

Ⓐ 為了保持良好的排便習慣，需要狗主人的耐心和毅力。

Ⓠ 因為很重要，所以說了兩次！

狗便盆和尿布墊的種類

✓ 狗便盆的優點是腳不會沾到自己的小便

平面式

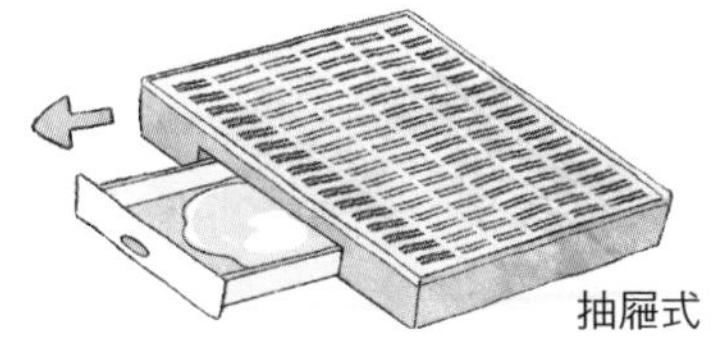

抽屜式

公狗專用

✓ 不選擇狗便盆，也可以選擇尿布墊

一次性尿布墊：雖然很方便，但有垃圾和費用的問題

可清洗重複使用的尿布墊：兩個月更換一次

報紙：臨時方便使用

吉娃娃 CHIHUAHUA

- 產地：德國
- 體重： 2.7kg以下
- 體型：超小型
- 外表特徵：巨大的耳朵、開朗的表情、瘦小的體型
- 性格：勇敢且好奇心強
- 運動量：少
- 注意疾病：骨折、膝關節脫臼、唇顎裂、脂漏性皮膚炎、齲齒、口腔炎、多淚症
- 毛色：黃褐色、巧克力色、黑色、乳白色
- 親和性：普通
- 掉毛：普通

世界上體型最小的犬種。身型小，所需的運動量也少，所以是老年人及忙碌的人很適合飼養的犬種。吉娃娃分長毛（Long-coated）和短毛（Smooth coated）兩種，而這兩種都很怕冷，所以在天氣冷的時候，請替牠們穿上保暖衣物。只要認為比自己弱小，就會吠叫或是出現攻擊的行為，別因為牠可愛的外表及愛撒驕就寵溺牠，請教育訓練牠。

04

愛犬的窩

#1 一起睡吧！

不同的犬種，睡覺的習慣也不相同

狗是群居動物，適合與其他人一起生活，也喜歡與其他人一起睡。因此，牠自己一個人睡覺時，身旁放一個時鐘，可以讓牠覺得有安全感，因為秒針轉動的聲音與心臟跳動的聲音類似。不過，不同的犬種，睡覺的習慣也不相同。如果我在家裡工作到很晚的話，拉姆會在旁邊打瞌睡，等到我要去睡覺時，拉姆就會跟過來一起睡。

#2 春夏秋冬

如果睡覺的地方換了，會發生這種事…

因為去親戚家或是出去旅行，換了睡覺的地方，拉姆就會感到緊張、混亂，所以一定會黏在我們的身邊，也不敢熟睡，只要有一點細微的聲響就會馬上醒過來。這時，一定要帶著平時鋪在床上的睡墊，才能夠給狗寶貝安全感。

#與狗共寢 #分開睡

與愛犬共寢也沒關係？

A 沒關係。但與一起睡在床上比較起來，最好還是睡在床邊，可以看得到的地方，另外準備愛犬的窩。有時候狗寶貝可能會需要自己休息的空間，因此，事先準備好來因應這種情況。

Q 如果愛犬在床上自己睡的話？

A 那是因為在床上有主人熟悉的味道，能夠睡個好覺。

Q 這個時候真的可愛死了，忍不住想不斷地親吻牠。

A 這個時候如果因為模樣可愛、迷人，就撫摸牠或斥責牠這不是牠的位置的話，狗寶貝可能會因為對主人感到失望而鬧彆扭，而出現不禮貌的行為，這時最好的方法就是不要理會牠。

已經習慣與愛犬一起睡的話，還有辦法可以分開睡嗎？

A 當然有方法，可以另外準備讓狗寶貝感到安全且舒適的窩。

Q 牠會對新準備的窩感到滿意嗎？

A 如果愛犬走到那個位置，可以給牠一些零食或是稱讚牠，相信牠會感到那個位置是個很幸福的地方。

Q 果然零食跟稱讚是殺手鐧。

A 但為了健康著想，零食還是不能給太多，需要控制。

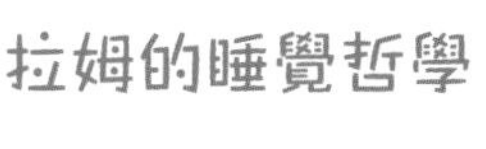

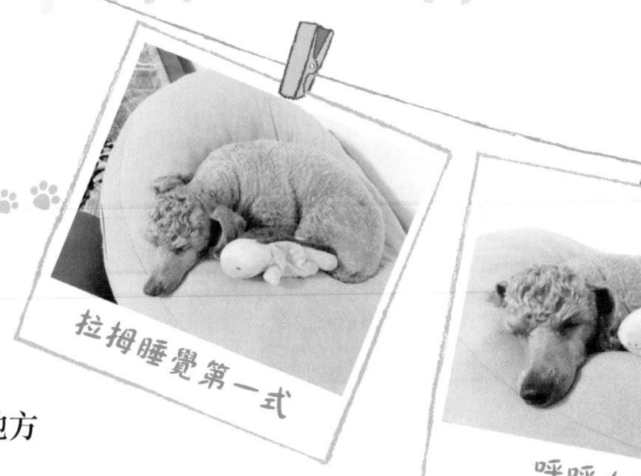

對拉姆來說，睡覺的地方

不只是睡覺而已，

在這邊可以藏零食、玩耍、上演吃飯秀等活動，狗寶貝也需要自己的個人空間。咬著美味的零食時，也會找一個安全隱密的地方享用。當有陌生的聲音或他人出現時，會感到不安，跑到自己認為安全的地方躲藏起來。

馬爾濟斯 MALTSES

- 產地：義大利
- 體重：2～3 kg　體型：小型
- 外表特徵：白色毛髮，黑色如葡萄的眼睛與鼻子
- 性格：很挑剔、開朗，喜歡親近人類
- 運動量：普通
- 注意疾病：膝關節脫臼、眼疾、牙齒咬合不正、心臟疾病、因興奮和壓力而發抖
- 毛色：白色
- 親和性：高　掉毛：普通

聰明且喜歡親近人類，對主人很忠心的犬種。感情豐富、愛忌妒、愛撒驕。雖有著如白雪般的白毛，看起來十分迷人，但如果淚腺受到刺激而髒亂，或用餐後嘴巴周圍沒擦乾淨的話，毛髮會變成褐色，需要格外注意。只想在主人身邊安靜地待著，對於各式各樣的訓練不感興趣。對於第一次飼養狗寶貝的主人是很適合的犬種。

05

愛犬的第一餐

#1 不同時期善變的美食家

給愛犬吃狗寶貝專用的飼料

餵食出生一年以下的幼犬（puppy）吃狗寶貝專用的飼料。年幼時，將飼料沾水軟化後再餵食。不過，不同的犬種因健康狀況及所需的營養需求不同，在選購飼料時，請先詢問獸醫師的意見。幼犬（puppy）時期餵食專用飼料的原因，是因為飼料裡面含有成長期所必須的營養成分。相反地，成犬如果還繼續吃幼犬（puppy）專用的飼料的話，因為熱量較高，較容易變胖。

#2 是什麼味道呢？

需要特別注意這點

有時候愛犬會翻找垃圾桶，吃裡面的垃圾來胡鬧。因此，垃圾桶放置的位置需要特別注意。除了洋蔥、巧克力、蔥和葡萄等等之外，夏威夷果等堅果類、乾魷魚、章魚和肉乾等下酒菜，還有牛奶和酪梨等食物，對於狗寶貝的健康是有危害的，不能餵食牠們。

#狗寶貝飼料 #人的食物

選擇狗寶貝飼料時，有什麼注意事項？

狗寶貝在幼犬期、成長期、成犬期和老犬期吃的飼料都不一樣。

雖然最近市面上出現從幼犬到成犬都可以吃的All life stage飼料，但由於蛋白質含量和熱量含量多少都有點差異，最好還是選擇符合年齡的飼料。

一般來說，1kg的小狗需要攝取200～250 kcal，每增加1kg需多攝取50 kcal。在飼料袋上都有標示營養成分，可以參考一下。

在決定給予飼料分量時，決定的基準點為運動量多的犬種如果給這麼多，一陣子之後卻瘦了，那之後就再給多一點。相對地，運動量少的犬種，如果給一樣多，就一定會變胖，視情況來做調整是最適合的。

給狗寶貝人吃的食物可以嗎？

Q 看起來沒有什麼立即的症狀…應該沒關係吧？？

A 雖然不可能都不給，但最好盡可能不要給。

Q 因為給了之後，實在是吃得津津有味。

A 雖然吃是吃得津津有味，但胃腸可能會無法負擔，因而出現疾病，感到不適。

Q 牠的表情很渴望…

A 如果吃了有調味的食物之後，味蕾會改變，之後可能就不吃飼料了，務必注意這點。

Q 好！知道了。

不能給狗寶貝吃的食物清單

生雞蛋（無論蛋白是什麼狀態，吃了都不好）

強酸性洗劑

藥品

球根植物

風乾的果乾（市售的果乾都添加了糖）

蔥種類的香料蔬菜

觀葉植物

牛奶和奶製品

含有木醣醇的產品

雞或大型魚類的骨頭

藥品、蔥種類的香料蔬菜、觀葉植物、球根植物、強酸性洗劑等化學藥品、雞或大型魚類的骨頭、含有木醣醇的產品（腹瀉或肥胖的原因）都不能吃。假設狗寶貝不小心吃到的話，首先幫牠催吐，再送到動物醫院。

離家近的24小時動物醫院，一定要事先查詢以防萬一。

貴賓狗 POODLE

- 產地：法國
- 體重・體型：小型 2～3kg / 中小型 3～6kg（6～20kg）/ 大型 20～27kg
- 外表特徵：長嘴巴，捲曲如羊毛般的毛
- 性格：很有自信感、溫馴、沉著
- 運動量：多
- 注意疾病：膝關節脫臼、皮膚病、多淚症、心臟疾病
- 毛色：白色、褐色、乳白色、黑色、灰色
- 親和性：高
- 掉毛：少

貴賓狗根據身型大小可分為最大型的Standard、中型的Medium、小型的Miniature和最小型的Toy。有著如不需換毛的羊兒捲曲的毛，是其魅力所在。不易脫毛，不用擔心「毛髮飛揚」的情況。不過，容易神經質，向下垂的耳朵上毛髮較多，容易患有耳朵相關疾病，務必注意清潔。智商高，擅長察言觀色，容易接受訓練，是適合第一次當狗主人的犬種。有時候會發瘋似的奔跑，出現這種情況是因為運動量不足或是心情好，不要被嚇到了。

06

愛犬磨牙

#1 都是有原因的

像會受傷般的咬合時期

幼犬在出生後3～6個月，可能會將鞋子、書、衛生紙、玩偶和梳子等，使勁地咬著到處走來走去。將所有的玩偶撕咬、將家人的幾雙鞋子咬壞，才算渡過了磨牙的時期。但也有變成成犬後，因為有興趣或太無聊，而愛咀嚼和撕咬的犬種。這個時候，為了愛犬的安全著想，必須進行教育。

#2 玩偶的非首腦會談

磨牙時期就這麼做～

建議可以讓狗寶貝嘴裡咬著東西，然後施力拉扯，讓狗寶貝訓練咬合力。舉例來説，讓狗寶貝咬著厚的衣物或烤箱手套，一起施力抗衡，這是一種簡單且愛犬會非常喜歡的遊戲。

#磨牙時期 #襲擊家俱

狗寶貝的磨牙時期是從何時開始，何時結束？

Ⓐ 出生後2～3個月開始到7～8個月之間會磨牙。

Ⓠ 當開始磨牙時，狗主人該注意什麼事情呢？

Ⓐ 普通成犬正常來說會有42顆牙齒，也有可能永久牙齒都不長出來。犬齒比較靠近裡面，之後可能會長出來。在磨牙時期，需要定期帶到動物醫院檢查，看牠的永久齒是否都長齊且沒有問題。

Ⓠ 原來需要多多關心！那麼乳齒如果觀察到掉了該怎麼辦？

Ⓐ 乳齒可能在吃飼料時會自然脫落，萬一真的不心少吞下去也不用太擔心，之後會隨著大便一起排泄出來。

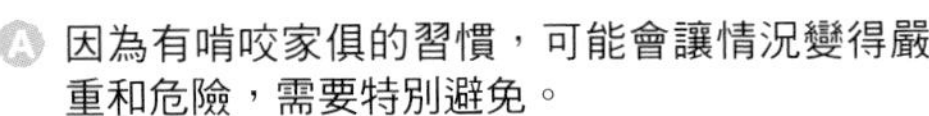

經常啃咬家俱的話，擔心會不會也去啃咬樹木啊？

Ⓐ 因為有啃咬家俱的習慣，可能會讓情況變得嚴重和危險，需要特別避免。

Ⓠ 如果已經喜歡啃咬家俱的話，該怎麼阻止呢？

Ⓐ 市售的產品當中，有一種是苦味劑，可以買來噴在家俱上。

Ⓠ 原來是讓牠感覺味道不好，讓牠停止這種行為啊！

Ⓐ 其他的方法像是在空寶特瓶裡裝入一些豆子，在狗寶貝啃咬家俱時，用來敲擊地面發出聲音，會被判讀為出現了不好的情況而停止動作。如果主人直接斥責的話，與狗寶貝的關係可能會變差，這點要特別留意。

只是一隻狗而已

不給妳～

四腳朝天

認養到一年左右為止，

拉姆對於輕微的聲響會很敏感地吠叫。

會咬碎衛生紙和紙張，也有一陣子一直出現排便失誤。每次帶到動物醫院，我都會跟獸醫師說：「我家的狗很奇怪？」

而那時，最常聽到的回答是：「不奇怪，牠只是一隻狗而已。」

從那時開始，必須每天持續地觀察，狗寶貝與人有什麼不同？我家的愛犬有什麼樣的性格與特性。

威爾斯柯基 WELSH CORGI

- 產地：英國
- 體重： 13～17kg　　體型：中型
- 外表特徵：短腿、長嘴、腰身長
- 性格：自信心強、親切
- 運動量：多
- 注意疾病：角膜炎、結膜炎、膝關節脫臼、腰椎盤突出
- 毛色：白色+褐色、黑色、灰色、紅褐色斑點
- 親和性：普通　　掉毛：普通

有著迷人短腿的犬種，如同趕羊群的牧羊犬般行動快速。智商高且忠心，對陌生人會警戒的聰明犬種。威爾斯柯基可分為卡提根（Cardigan）和潘布魯（Pembroke）兩種變種。平時溫馴的威爾斯柯基，當對一件事感興趣時，注意力會非常集中，瞬間就會變得很興奮，但也能馬上冷靜下來，不需要太擔心。需要較多的運動量，可多散步與運動。由於腿短且腰身較長，容易患有腰椎盤突出的風險，需要特別注意體重管理。

PART 2
愛犬食物

01. 愛犬主食　*02. 愛犬零食 I*　*03. 愛犬零食 II*
04. 愛犬零食 III　*05. 愛犬減肥*

01

愛犬主食

#1 該購買哪一款飼料呢？

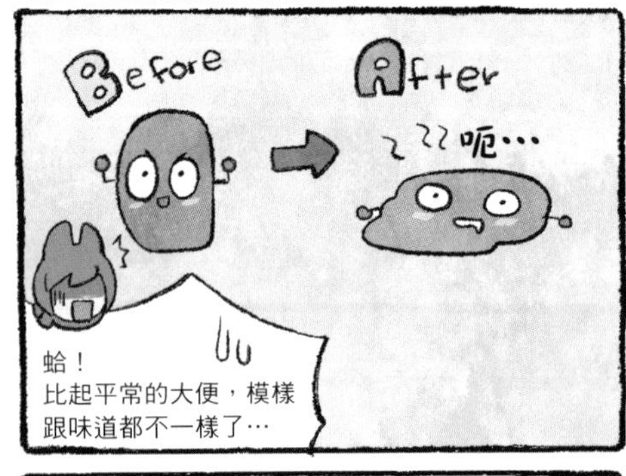

找尋最適合的飼料

價格低廉又大容量的飼量雖然很令人懷疑，但也不是越昂貴的飼料就越安心。建議向各品牌要求試吃品，或是到寵物展上拿取樣品，給愛犬試吃之後，就可以找到適合愛犬的飼料。

#2 不吃飯的狗寶貝

不吃飼料的原因?

「飼料不好吃嗎？」第一個想法一定是這樣，但大多數的情況是飲食習慣和生活方式的問題。會不會是吃太多零食了？活動量是否充足？有沒有壓力？這些問題都要先確認一下。

#選擇飼料 #自律供食 #手動供食

在選擇飼料上有什麼建議呢？

A 首先口味（好不好吃）很重要，但也不能因為味口較好，就選擇添加物很多的油炸飼料，這是一定要避開的。搜尋網路，可查詢到飼料的等級，當作參考。

Q 那麼依據各自的狀況，尋找適合的飼料來餵食是最恰當的做法。

A 不要被包裝紙上可愛的照片和華麗的文案給騙了，請務必確認成份後再購買。

更換飼料時，有什麼注意事項呢？

首先，最好的方法是一開始先混入一半的新飼料，然後慢慢增加新飼料的比例。

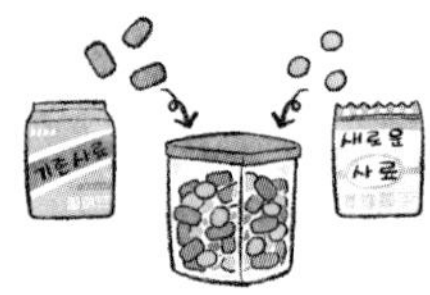

自律供食與手動供食的優缺點分別是？

通常思春期過後，就能自律供食。此時，自然而然改成自律供食就可以了。如果是比較貪吃的幼犬，在出生1個月後，一天供應3～4次，6～8個月時，一天改為供應2次就足夠了。

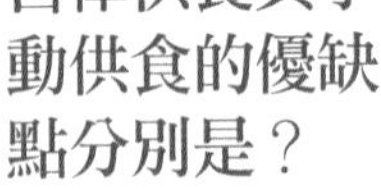

✔ 比較適合自律供食的犬種特性

- 有食糞症的狗寶貝
- 貪食且會翻垃圾桶的狗寶貝
- 吃其他食物會身體異常的狗寶貝
- 空腹時間長會乾嘔的狗寶貝

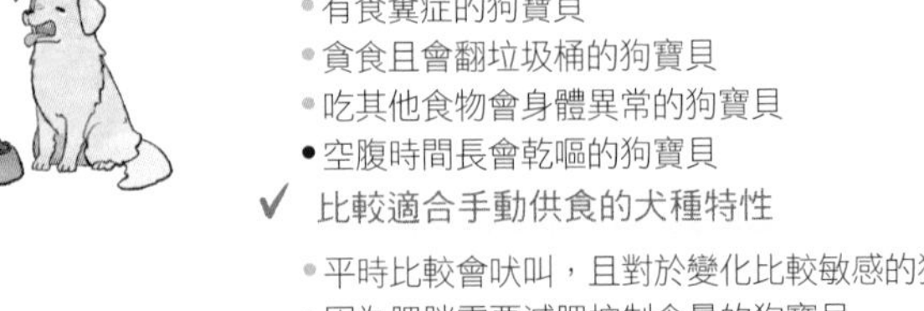

✔ 比較適合手動供食的犬種特性

- 平時比較會吠叫，且對於變化比較敏感的狗寶貝
- 因為肥胖需要減肥控制食量的狗寶貝
- 生活作息規律的狗寶貝

購買飼料時需確認的事項與飲水問題

✔身為狗主人，無論誰都會苦惱「要買哪一款飼料呢？」應該沒有一款是100%安全的。

有效期限
BEST IF USED BY‧‧‧‧

購買飼料時，需要確認的事項 

1）公司
2）原物料（原物料生產地）
3）是否有添加副產物粉末、肉、大骨粉
4）仔細確認飼料成分表
5）生產國家（動物保護法嚴謹的國家製品）
6）確認是否是在USDA（美國農業部）或FDA（美國食品藥物管理局）的生產許可工廠製造的
7）確認製造年月或有效日期
8）如果是有機農產的話，確認有機農產認證

✔可以飲用水龍頭的水嗎？

水龍頭的水可以或不可以，依據所在的區域不同，答案也不相同。況且如果是老舊的住宅或公寓的話，因為粗大的水管裡可能會有污染，要特別小心。

最重要的是務必要供給乾淨的水，特別是夏季，要格外注意。

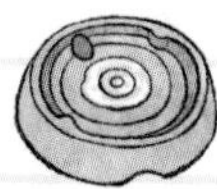

狗寶貝喝水的方式和不適合的飲水器具

鬥牛犬 BULLDOG

- 產地：英國
- 體重：23～25kg
- 體型：中型
- 外表特徵：短腿、扁塌的鼻子、向外突出的下巴
- 性格：溫馴、沉著
- 運動量：少
- 注意疾病：角膜炎、結膜炎、眼疾、眼球突出、白內障、皮膚病、呼吸道疾病、耳背
- 毛色：白色&黃褐色、白色&紅色、白色&黑色
- 親和性：高
- 掉毛：多

雖然長得一副強勢的外表，但事實上個性很沈穩、聰明、愛撒嬌，渴望狗主人關愛的犬種。由於討厭移動身體，特別要注意肥胖和健康上的隱疾。散步或外出時，因較怕冷與怕熱，請特別注意天氣變化。短毛的鬥牛犬，請用天然毛刷梳理毛髮，臉上皺摺也請仔細翻開擦拭維持清潔。由於天生朝上的鼻子，睡覺時會打呼，因此常會聽見打呼聲。

02

愛犬零食 I

#1 危險的零食世界

不需要給零食？！

不得不給的零食！比起零食，給予營養成分豐富的足夠飼料更為適合。另外，給予其他特殊口味、口感且非主食的飼料也是一種方法。如果餵食太多零食，肥胖、各種皮膚病和消化不良等問題會接踵而來，仔細地確認原產地和原物料等資訊後再購買。

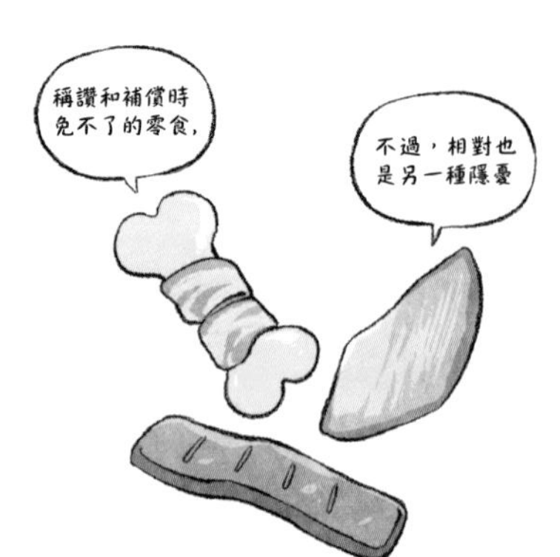

#2 製作花12小時，吃只花10秒

零食製作的選擇

人喜歡多樣食材的食物，但對狗寶貝來說，多種的食材反而對於健康有害。如果自行製作零食的話，請格外慎重。建議先與獸醫師諮詢適合各種犬種食材的利弊。

除了這幾天要吃的分量，其他放入冰箱冷凍室。GoGo！

將做好的零食標示日期，並注意保存時間。

#零食材料 #過敏因子

安全的零食材料有哪些？

A 每隻狗寶貝之間都存在著差異，先餵食一點零食試吃，藉此找尋適合的零食，也是一個不錯的方法。

Q 第一次餵食零食時，怎麼樣才能測試是不是適合的零食？

A 一些狗寶貝對於雞肉過敏，一些狗寶貝對於豬肉過敏，先提供單一種食物，6小時後如果沒有異狀的話，就是安全的食物。

6小時後如果沒有異狀，就是安全食材

Q 哦～原來零食也不是隨便餵食就可以的。

A 本來就不能隨便餵食狗寶貝…

飼料性過敏的原因是飼料嗎？

A 因為過敏或異位性皮膚炎受苦的狗寶貝很多，如眼睛周圍掉毛或耳朵搔癢…

Q 果然還是得更換飼料？

A 雖然準備適合狗寶貝的飼料很重要，異位性皮膚炎症狀中約有20%是飼料性過敏，其他70～80%為非飼料性過敏，需要找出其根本原因。

Q 非飼料性過敏有哪些？

A 一般來說，患有異位性皮膚炎的狗寶貝中，80%都是因為狗蝨引起過敏反應，因此，消除外來寄生蟲是一件非常重要的事。

Q 啊！必須消除寄生蟲！

零食可能會引起的麻煩

過敏

肥胖

很多時候都想跟愛犬一起分享美味食物，對吧？不過，過多的零食如果影響原本正常的飲食習慣，

可是會對愛犬的健康產生問題。

以動物性蛋白質為主材料的狗寶貝飼料，能提供豐富的營養，所以零食不要無限制餵食。

如果懷疑有皮膚問題、掉毛等飼料性過敏症狀，盡快向獸醫師諮詢。

抗拒吃正餐

部分掉毛

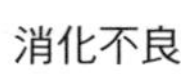

消化不良

謝德蘭牧羊犬 SHETLAND SHEEPDOG

- 產地：英國
- 體重： 8～12kg
- 體型：中型
- 外表特徵：長嘴、長得像牧羊犬
- 性格：易親切且忠心
- 運動量：多
- 注意疾病：多發性關節炎、角膜炎、結膜炎、癲癇
- 毛色：白色&黑色、白色&褐色
- 親和性：普通
- 掉毛：多

溫馴內向的謝德蘭牧羊犬雖然就像是牧羊犬的縮小版，但實際上與牧羊犬是不同的品種。智商高、溫馴且忠心，是可以當警犬的優秀犬種。不過，因為忠誠度高，對於細微的聲響敏感，經常會吠叫，需要透過訓練來教育。腦袋聰明，所以訓練時如果沒有一貫性，或給予不明確的指示，牠會感到混亂。如此聰明的謝德蘭牧羊犬，訓練時狗主人必須認真對待。

03

愛犬零食Ⅱ

#1 挑戰！製作乾式零食—雞胸肉

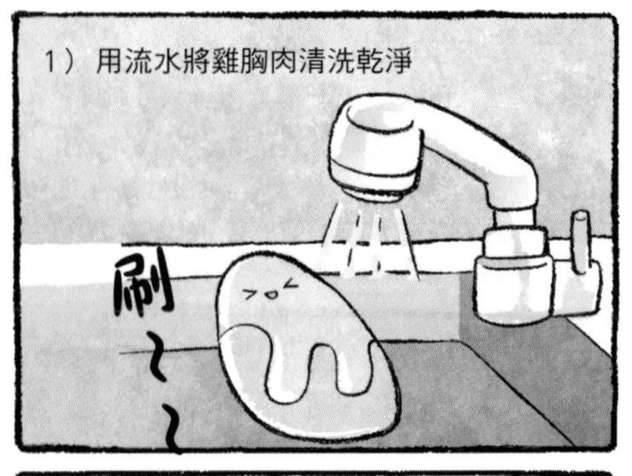

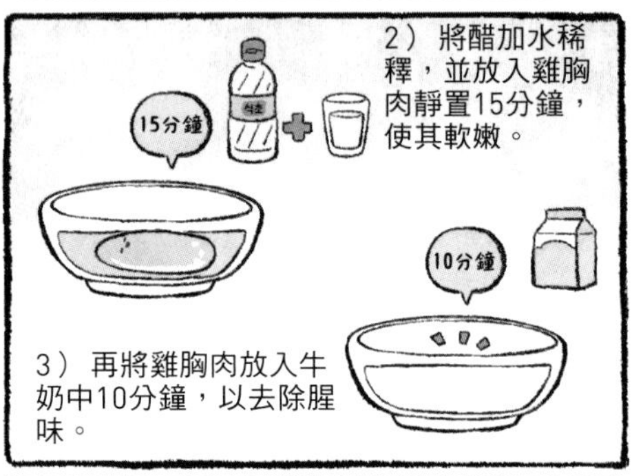

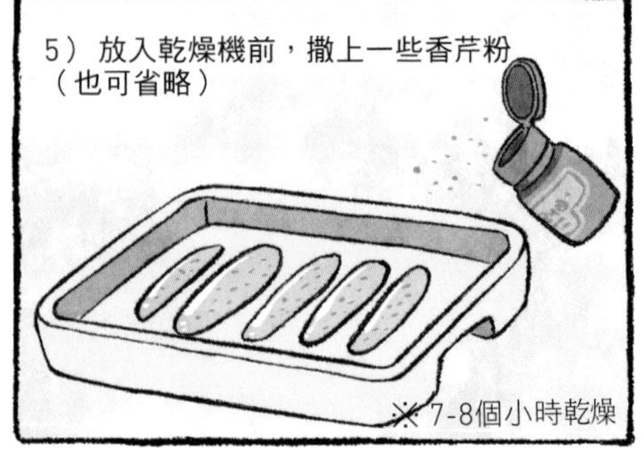

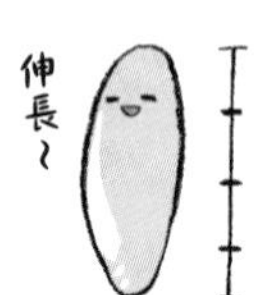

零食的形狀盡量越長越好！

在製作零食時，形狀也很重要。狗寶貝能夠咬住的長條狀，是比較適合的形狀。如果零食太短或太小，狗寶貝可能不咀嚼就直接吞下去，需要特別注意。

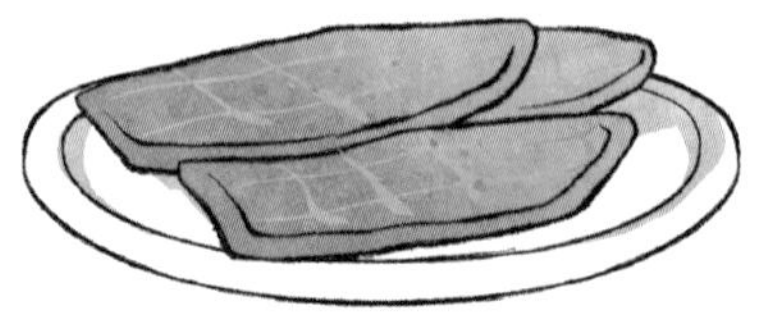

#2 挑戰！製作零食—明太魚乾&水果

1）為了去除鹽分，將明太魚乾放入水中1～2小時（或放入沸水中稍微汆燙一下，去除鹽分）。

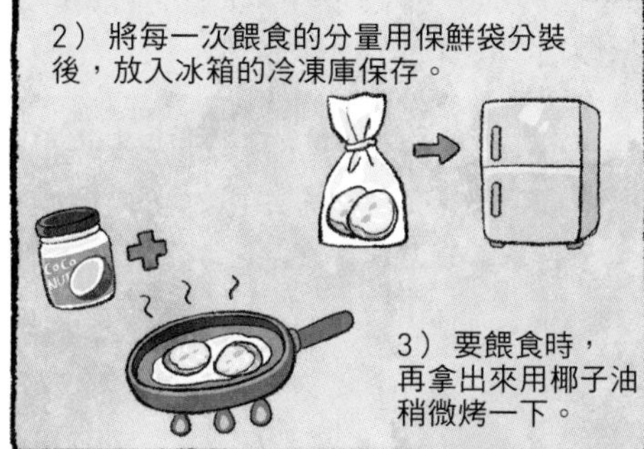

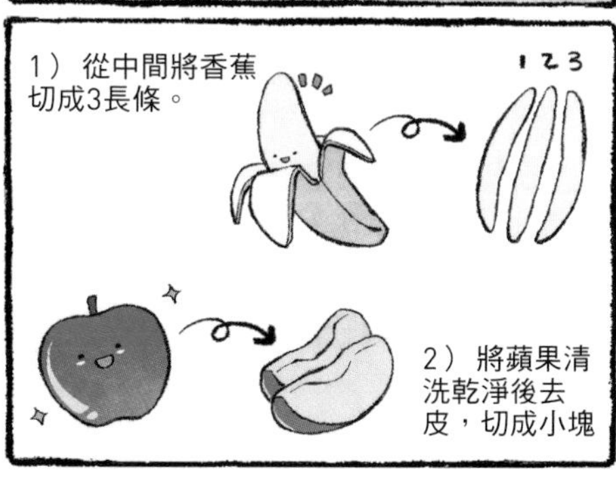

請注意含糖量！

由於風乾的水果含糖量非常高，不適合餵食太多。對了！因為香蕉的鉀含量較高，腎功能不全的狗寶貝最好不要攝取。

04

愛犬零食 III

#3 挑戰！ 夏季養身餐製作

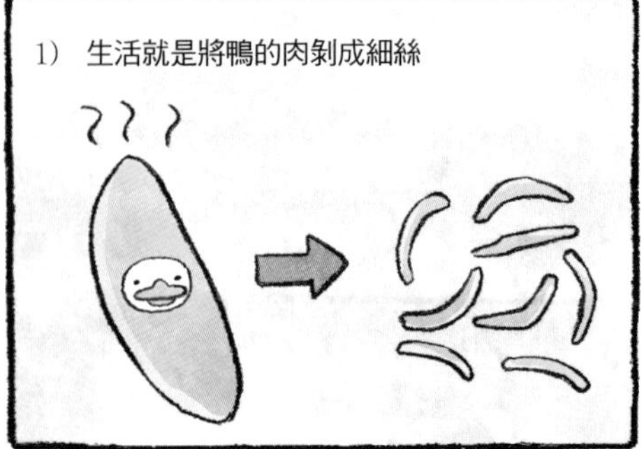

⊙ 材料準備

1）將鴨肉用流水清洗乾淨。

2）將醋加水稀釋，放入鴨肉靜置15分鐘，使其軟嫩。

3）將適量的水倒入鍋裡。

4）水滾了之後，將水倒掉，重新再倒入新的水。

5）並倒入微量清酒，再次以大火煮沸。

#4 製作健康零食

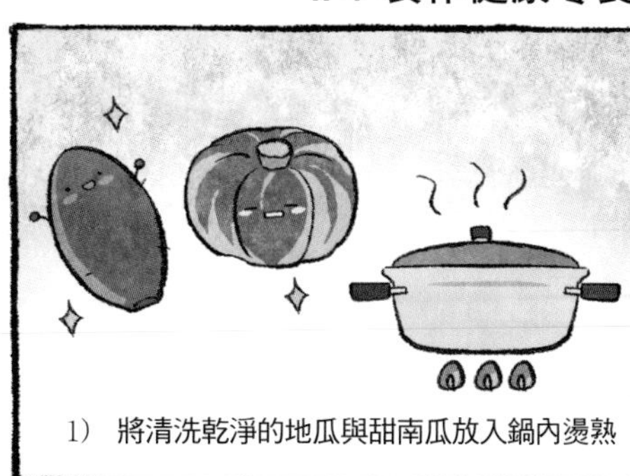
1） 將清洗乾淨的地瓜與甜南瓜放入鍋內燙熟

乾地瓜、甜南瓜

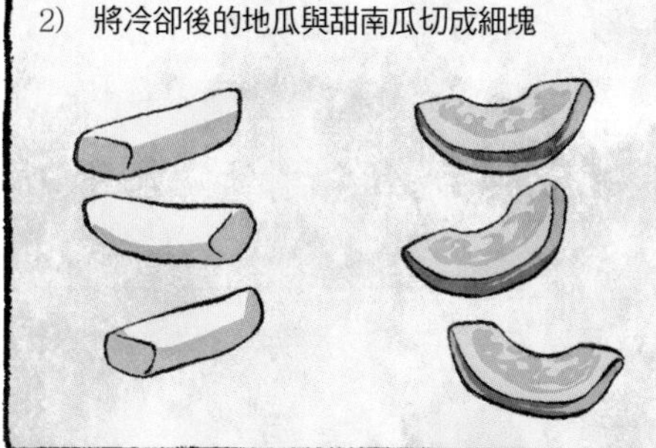
2） 將冷卻後的地瓜與甜南瓜切成細塊

乾地瓜和甜南瓜也可以當作是一種零食。像前面所製作的乾式零食一樣，切成長條或厚實的塊狀，然後放入乾燥機乾燥即可！使用還沒熟透的地瓜來製作，可以吃到更美味的乾地瓜。

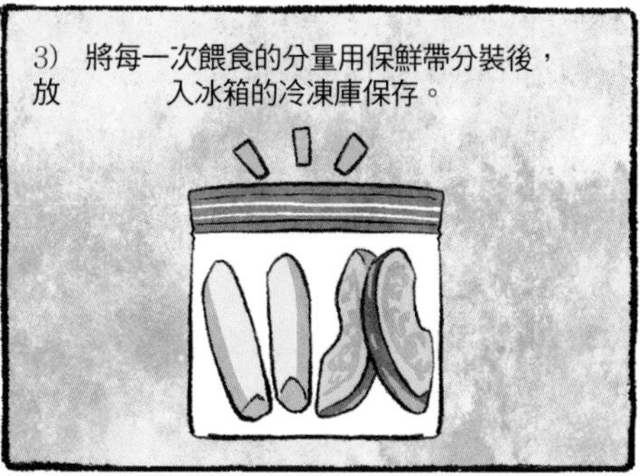
3） 將每一次餵食的分量用保鮮帶分裝後，放入冰箱的冷凍庫保存。

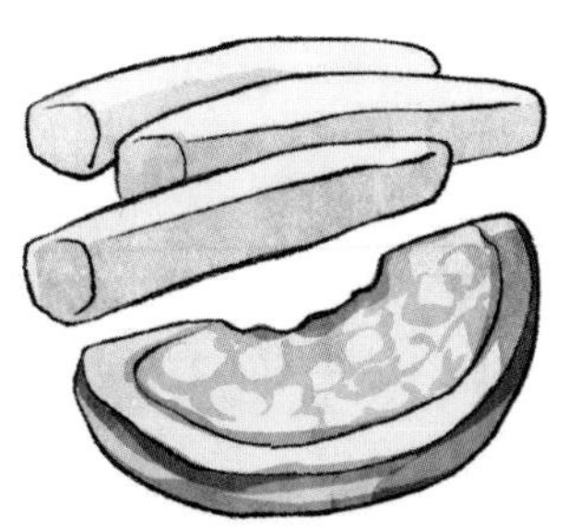

4） 取出要餵食的分量放入微波爐解凍。

#市售零食 #骨頭零食

市售的零食裡含有奶油與甜味，沒有問題嗎？

A 果然，狗寶貝對於如奶油般美味的味道或甜味，會很直覺本能地反應出來。

Q 偶爾我也會有想吃的美味食物。

A 如果不想要出現飼料性過敏的話，適時餵食定量也是不錯的選擇。

Q 哦哦！那麼這樣不會有什麼問題吧！？

A 但是如果零食餵食太多，就不吃主食的飼料，可能會造成營養缺乏或肥胖，須特別注意。

Q 那麼我就幫忙吃……不是，你就當作沒聽到吧！

如果餵食骨頭零食，狗寶貝的糞便會變成硬塊嗎？

A 一般來說，如果攝取太多含鈣成分的食物，可能會出現便祕或糞便變得硬梆梆的。

Q 呃……所以這時候都會很擔心。

A 出現一次便祕後，可能就會反覆出現，須格外注意。

初次挑戰手工零食

拉姆喜歡的香煎明太魚

市場上有販售可以製作袋鼠頸骨、鯊魚軟骨和豬耳朵等多種零食的食材。

此外，還有未添加蘇打的薏仁或玉米爆米花等零食，對狗寶貝來說，都是有趣的零食選擇。

薏仁爆米花

鯊魚軟骨

鯊魚皮

柴犬 SHIBA INU

- 產地：日本
- 體重：9～14kg　體型：中型
- 外表特徵：豎立的耳朵、圓滾滾的背，上連接著尾巴
- 性格：獨立性強、活潑、忠心
- 運動量：多
- 注意疾病：脂漏性皮膚炎、食物過敏
- 毛色：紅色、黑色、褐色、黑褐色
- 親和性：低　掉毛：多

安靜且忠心的柴犬，獨立且個性爽朗，對陌生人警戒心高，是一種會保護主人的優秀警犬。歸巢本能強、聰明伶俐。換毛和掉毛情況嚴重，需勤快地整理毛髮。需要的活動量非常大，因此要多多運動和散步。攻擊性強，與其他狗寶貝碰面時需格外注意，別忘了好好管制牠。

05

愛犬減肥

#1 減肥取決於狗主人的作法

不同的犬種，肥胖的基準不一樣

拉姆的腿算是比較瘦長的，如果體重稍微放任的話，可能就會對膝關節造成負擔。獸醫師建議，用觸摸肋骨的方式來確認是否過胖。由於不同的犬種，肥胖的基準不一，一定要跟獸醫師諮詢。

幫助狗寶貝細嚼慢嚥的容器

#2 減肥成功！

比起運動，調整餵食量才是正解

雖然適度的運動是必需的，但如果過度的話，可能會對關節或肺部造成健康上的影響。對於需要減肥的狗寶貝，請務必減少飼料餵食量或餵食減肥專用的飼料。

#是否肥胖 #肥胖的危險性

肥胖判斷的基準是什麼？

Q 不同的犬種體型與體重都不同，要怎麼判斷是不是過胖了呢？

A 肋骨可以很明顯摸到的話，算是瘦的。若肋骨稍微看得到，摸起來軟軟的，是最理想的狀態。如果摸不到的話，是非常嚴重的過胖。

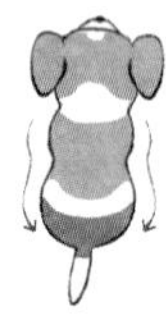
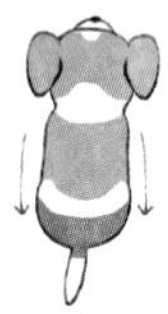
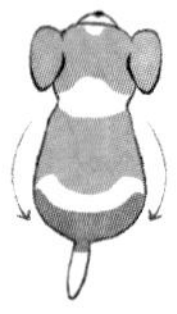

從上面看下去，脊椎突出的話，算是瘦的；脊椎稍微摸得到的話，算是比較正常的。

對過胖的狗寶貝的危害是什麼？

A 肥胖無論對人或是動物都是引起疾病的原因。

Q 原來對人或狗來說，肥胖都是危險的…

A 肝或腎臟至少要損壞70%以上，臨床上才會出現症狀，所以重要的是一開始就做好管理。.

Q 狗寶貝即使不舒服，也不太會表現出來，真的很令人擔心…

A 如果露出疼痛的樣子，會害怕被拋棄，所以才不敢表現出來。

Q 唉唷！還真是瞎操心。

A 所以，最重要的是要定期做健康檢查。

因為肥胖會出現的疾病

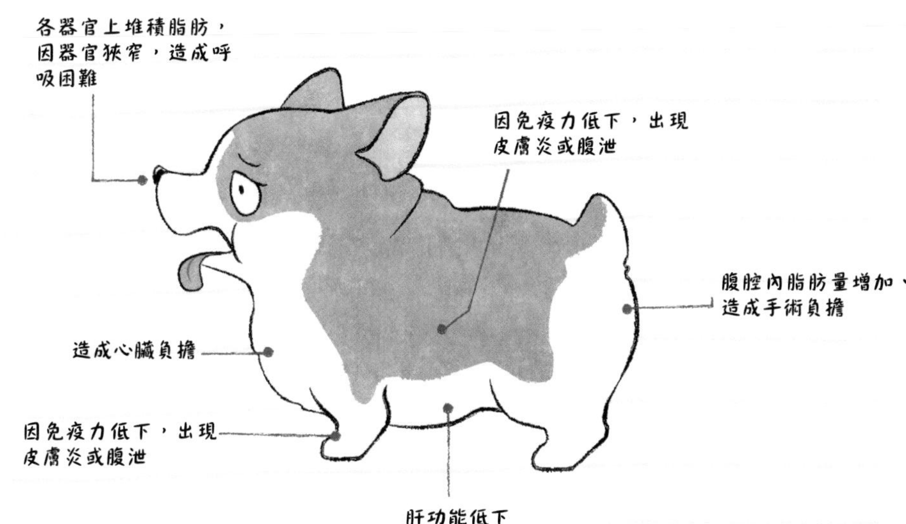

薩摩耶犬 SAMOYED

- 產地：俄羅斯
- 體重：25～30kg
- 體型：小型
- 外表特徵：膨鬆的白毛、看起來像是微笑的臉
- 性格：聰明、親和力高、喜歡人
- 運動量：普通
- 注意疾病：皮膚炎、骨關節形成不全、白內障
- 毛色：白色
- 親和性：高
- 掉毛：多

巨大的外型搭配柔軟潔白毛髮的和平主義犬種。由於是寒冷的俄羅斯西伯利亞犬種，因此不怕寒冷，但相反地，對炎熱無法抵抗。非常喜歡人，對於陌生人也一點警戒心都沒有，主動靠近的情況常有，不適合當看門犬。比起其他犬種，迷人的潔白毛髮更多且容易打結，請務必常用梳子梳理，保持光澤及容光煥發的外表。另外順帶一提，真的非常會掉毛，非常……。

PART 3
愛犬的生活日常

01. 愛犬排便訓練 II
02. 愛犬本能
03. 愛犬遊戲
04. 愛犬獨處
05. 分離焦慮症
06. 食糞症

01

愛犬排便訓練 II

#1 拉姆抗議的招術

排便的多種訊號！

觀察狗寶貝的排便活動，可以知道有無壓力或狗寶貝的健康狀態。如沒有其他原因而排便失誤，或大小便顏色、大便粗細等，與平時不一樣時，請務必立即向獸醫師諮詢。

#2 理解狗寶貝的心理

失誤是很正常的！

會正常排便的狗寶貝，如果一失誤的話，主人會擔心是不是有什麼問題。不過，如果沒有其他特別的原因，愛犬也是可能會失誤的。如同人偶爾也會失誤，請理解狗寶貝也可能會失誤的。

#排便失誤 #因應排便失誤的方法

想知道排便失誤的原因

Q 狗寶貝排便失誤的原因是什麼？

A 有可能是想對主人表達一些什麼，才會出現這種行為。

Q 原來狗寶貝也可能會這樣表達。

A 可能是想得到關注或是慾求不滿時、受到壓力或是處於害怕的處境下，都可能會隨地大小便。

Q 嗯…不舒服時和需要什麼的時候，真希望狗寶貝能開口說話。

排便失誤時，因應的方法有哪些呢？

A 出現失誤時，一昧地責備的話，可能會闖出更大的禍，絕對不可以這樣應對。

Q 不一昧責罵很重要，但沒有什麼可以做的事情嗎？

A 若無其事的收拾，或將大便移到狗便盆上也是一個好方法。還有，下次回復正常良好的排便習慣時，瘋狂地給予稱讚也很重要。

Q 原來稱讚也可以給狗寶貝帶來力量。

室內＋室外排便時都給予稱讚

只稱讚狗寶貝在室外排便，責備或不稱讚狗寶貝在室內排便的話，狗寶貝可能會理解成主人討厭自己在室內排便，而從某個時候開始就不在室內排便。如此之後，下雨或下雪的日子無法到室外排便，或主人沒有時間帶愛犬出門排便時，便會出現問題。一定要誘導訓練狗寶貝在室內、室外都能夠正常排便。

犬種介紹 No.11

黃金獵犬 GOLDEN RETRIEVER

- 產地：英國
- 體重：27～35kg　　體型：大型
- 外表特徵：黃金色毛髮、長耳和長尾巴
- 性格：親和力高、多情
- 運動量：多
- 注意疾病：關節炎、掉毛、皮膚炎、白內障
- 毛色：黃金色
- 親和性：高　　掉毛：多

黃金獵犬如同名字般，有著豔麗的黃金色毛髮。也如其溫柔的外貌，多情溫馴，有著開朗的性格、智商高、與人親近，是作為視障人士導亡犬的代表犬種。雖然是有著溫暖形象的犬種，在無防備的狀態下接近，發生事故的案例經常耳聞。無論是多麼乖巧的犬種，可能因為周圍突然的行為引發事故，請務必注意。別忘了經常給予充分的運動量和關愛，來消除愛犬的壓力。

02

愛犬的本能

#1 我是狗

請了解我吧！主人

想與愛犬一起過著幸福生活的話，最重要的是要彼此了解。狗寶貝想在一個安全的地方與主人一起過生活，到戶外去聞各種味道、散步，以及與其他狗寶貝碰面，這都是狗寶貝的本能。對了，狗寶貝聞聞屁屁是一種問候的禮貌行為，千萬不要覺得丟臉或是責備愛犬。

#2 拉姆的肢體語言

極力用身體來表達的愛犬「語言」！

狗狗的肢體表達超乎我們的想像，從與自己生存相關的危險、警戒和警告，到愛的表現等種種表達，狗寶貝大部分都是用身體來表達。愛犬的表情、身體和尾巴的搖擺等「語言」，如果能事先知道的話，就能夠有更加理解愛犬的需求。

#狗寶貝本能 # 肢體語言（Coming signal）

人類容易誤解的狗寶貝本能？

A 當然…是狗的本能「地位」。

Q 啊！到目前為止，與愛犬相處上沒有任何問題，竟然有「地位」排序的問題…真是衝擊！

A 狗寶貝不太表現不舒服的原因，跟「排序」有關。如果表現出來的話，會推翻「地位」，因此，儘可能不太表現出來。

Q 想知道狗寶貝到底在想什麼？

A 事實上，狗寶貝總是在想，在主人心中「地位」順序這件事。

請介紹具代表的肢體語言

具代表的肢體語言

感到不安時，會出現的肢體語言

緩和不安、壓力、緊張的表達

緩和不安、壓力、緊張的表達

不安和害怕的表達

狗主人最常誤解的Coming signal有哪些？

狗寶貝搖尾巴的形式有數十種含意，狗主人以為愛犬搖尾巴就是開心的意思，這就是一個最好的例子。其他的例子像是：

狗主人的誤解	✓ 肚子餓或是口渴	✓ 兇猛	✓ 睏了
	⇩	⇩	⇩
正確的理解	✓ 希望一起玩的表現和自己消除壓力的表現	✓ 興奮或無聊的表現，也有可能是因為害怕	✓ 感到恐怖和害怕的表現，也有可能是因為有壓力

代表性的肢體語言（Coming Signal）

✓ 除了自然且生理的現象外，如果反覆出現下列行為的話，狗寶貝向我們傳遞的訊息是：

不安或不舒服

生氣

好奇心

請關愛我（要求）

狗寶貝與人類已經一起生活1萬5千年了，狗寶貝對於我們的眼神、動作和表情很敏感，能夠察覺出來，而我們能夠察覺愛犬所發出的訊號嗎？

眼睛迴避、不安的表現

喜歡的表現

緩和壓力、不安及緊張

感到壓力

請跟我玩，我喜歡你

感到壓力

巴哥犬 PUG

- 產地：中國
- 體重：6～8kg　體型：小型
- 外表特徵：短肥的體型，有著驚嚇般的眼睛和長滿皺紋的臉
- 性格：愛跟著主人，多情且有耐心
- 運動量：普通
- 注意疾病：急性支氣管炎、肺炎、皮膚炎、角膜炎、結膜炎、眼球突出、肥胖
- 毛色：銀色、皮膚色、黃褐色、黑色
- 親和性：普通　掉毛：多

與鬥牛犬一樣，有著扁平的鼻子和長滿皺紋的臉。巴哥犬喜歡跟著主人，愛撒嬌、開朗的犬種。感情表達也很多樣，越看越有魅力。毛髮短且柔軟的巴哥犬隨著溫度的變化，適應能力會下降，特別容易中暑，需特別注意。雖然不是學習能力不好，但訓練上較不容易，需要反覆訓練。喜歡吃東西，是容易發胖的體質，需注意肥胖。

03

愛犬遊戲

#1 哇哇！尋找寶物-Nose Work

戶外也能進行嗅聞遊戲（Nose Work！）

購買市售的室內用嗅聞毛毯很好用，不論散步時或在戶外也非常適合。將飼料撒在地上，讓狗寶貝找到後吃掉，或將零食藏在落葉下、石頭間，讓狗寶貝尋寶也是一個方法。Nose Work可以讓狗寶貝不要過度興奮，也可以消除壓力。

#2 拉扯的高手—拔河遊戲

冬天更適合的拔河遊戲

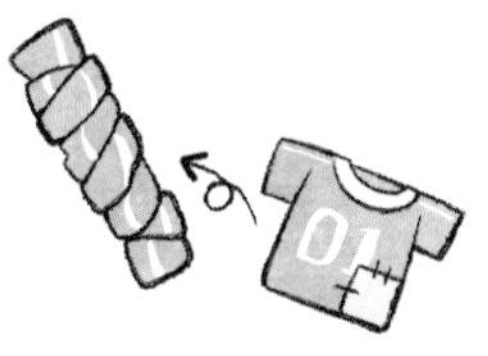

下大雪或很寒冷的冬天，很難去外面散步，特別是在融雪時，在路上撒的氯化鈣可能會對狗寶貝的腳底造成灼傷，狗寶貝的腳底會感覺到燒傷的痛苦。因此，在這種日子裡，抓著玩具拉扯的拔河遊戲最適合了。如果手邊沒有玩具的話，用衣服打結簡單地製作成繩子，既能夠運動，又能夠訓練狗寶貝的專注力。

#嗅聞遊戲（Nose work） #拔河遊戲

嗅聞遊戲（Nose work）和拔河遊戲的注意事項有哪些？

A 拔河遊戲可以消除狗寶貝的壓力及維持牙齒的健康，是非常好的遊戲。

Q 哦！那麼一直這樣跟他玩就好了～

A 不過，拔河遊戲每次限時30分鐘。Nose work的話，則可以給予充分的時間

Q 兩者都含有布料，有沒有什麼需要注意的事項？

A 玩的正起興忘我時，要特別注意衛生部分，不要把布料吃進去。

與狗寶貝一起玩的各種遊戲

拔河遊戲：

繩結型玩具、小玩偶型

Nose Work：將零食藏在家裡四處

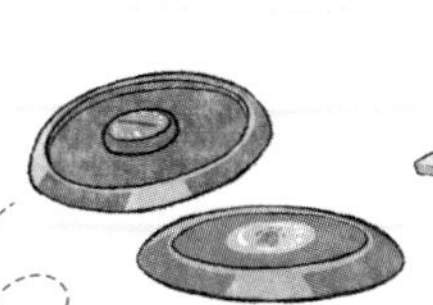

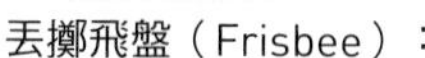

丟擲飛盤（Frisbee）：

包含奔跑與跳躍等充足運動量的狗寶貝運動。但前提是必須已經將愛犬訓練成有「把東西咬過來」的習慣。

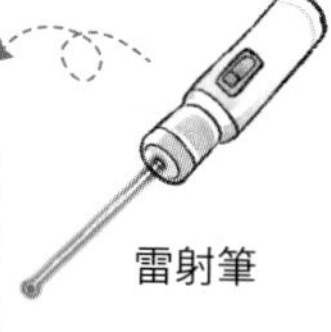

燈光追逐遊戲：

與其說是對於燈光出現反應，事實上是對於移動的東西出現反應，想要與移動的東西用一樣的速度移動。

雷射筆

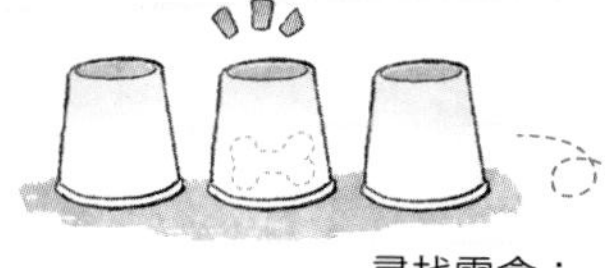

玩球：

狗寶貝將球咬過來時，如果用手搶走，狗寶貝是不肯鬆開的。重要的是要等到愛犬自己放下來。

尋找零食：

在3個紙杯中的其中一個裡面放入零食的遊戲。

貝林登梗犬 BEDLINGTON TERRIER

- 產地：英國
- 體重・體型：小型 2～3kg / 中小型 3～6kg（6～20kg）/ 大型 20～27kg
- 外表特徵：長嘴巴，捲曲如羊毛般的毛
- 性格：很有自信感、溫馴、沉著
- 運動量：多
- 注意疾病：膝關節脫臼、皮膚病、多淚症、心臟疾病
- 毛色：白色、褐色、乳白色、黑色、灰色
- 親和性：高　　掉毛：少

會令人想起活動式麥克風架獨特造型的貝林登梗犬，是喜歡玩耍、生氣蓬勃的犬種，雖然有耐心且有寬容的心胸，但對於陌生人具有攻擊性，對其他狗寶貝也易產生衝突，需要多多注意。從幼犬時期即接受群體生活訓練的話，會非常有幫助。智能高，相對地也很固執，一旦決定的事情，絕對不會讓步。管教困難，訓練上較困難，需多給予關愛且有毅力地訓練。

04

愛犬獨處

#1 預先練習

堅信主人一定會回來！

狗寶貝自己獨處時，因為感到不安，會激動地吠叫或是啜泣哀號。因此，重要的是狗寶貝獨處時，要給予主人一定會回來的信念。出遠門前，更要事先練習短暫的分離，從1分鐘、3分鐘、5分鐘循序漸進地增加時間。

#2 拉姆的兩種生活

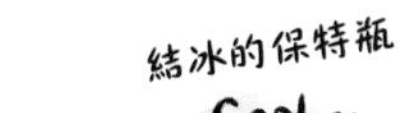

夏天需注意的事項！

比起怕冷，相較之下，狗寶貝更怕熱。炎熱的夏天，如果要讓愛犬自己長時間獨處的話，可能會有危險。外出時，涼墊、冰枕等物品用毛巾包裹後給狗寶貝使用，並注意通風。

#自己獨處 #獨處後禁食

請告訴我，單獨放置狗寶貝獨處時的注意事項？

A 最重要的是，即使放狗寶貝自己獨處，要讓牠感到不孤單且安心。

Q 要試試適合狗寶貝的多種方式。

A 根據季節，夏天不能太熱，冬天不能太冷，必須特別注意天氣的轉變。

如果自己獨處時，狗寶貝不吃飼料該怎麼辦？

A 至少在餵食愛犬和散步的時間，都能抽出時間來看著比較好。

Q 讓牠一個人獨處，真的是很 對不起牠。

夏天該準備的東西

✓根據犬種的不同，對於熱的承受程度也不同。重要的是需事先了解自己的愛犬是哪一種體型。

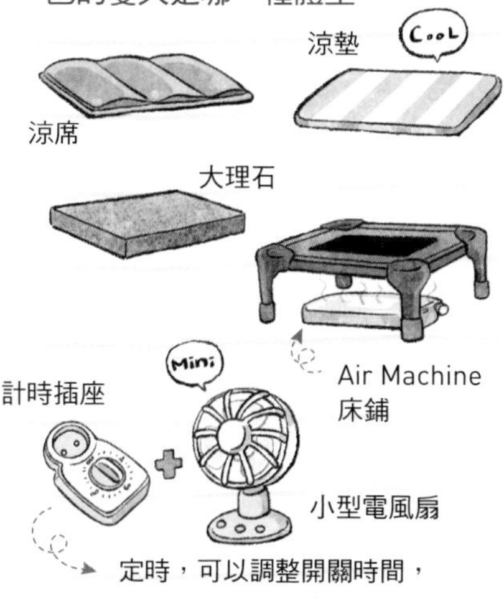

定時，可以調整開關時間，用得較安心

外出前該準備的東西

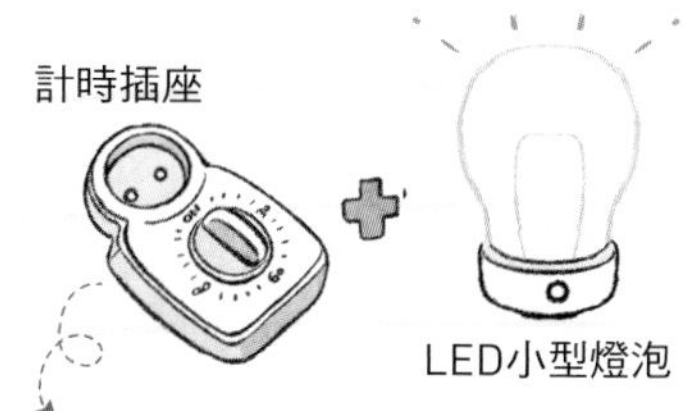

在晚餐前，外出時間變長的話，可讓狗寶貝自己獨處一下。夜晚要有燈光的陪伴。

狗寶貝自己獨處時，寂寞感會讓狗寶貝更感到孤單。但由於狗寶貝的聽力比人還要敏銳，因些聲音小小聲播放就可以了。

臘腸犬 DACHSHUND

- 產地：德國
- 體重：5kg以下　　體型：小型
- 外表特徵：長身體（腰）、短腿肌肉發達
- 性格：開朗
- 運動量：多
- 注意疾病：外耳炎、白內障、脊椎突出、肥胖、甲狀腺機能低下
- 毛色：紅色、紅褐色、黑色、黃褐色、巧克力色
- 親和性：普通　　掉毛：普通

臘腸犬德文的意思是「獾狗」，分為長毛（Long haired）及短毛（Smooth haired）。雖然性格間存在著差異，但都非常喜歡親近人類，是一種活發的犬種，適合第一次養狗的主人。臘腸犬的魅力在於長身體（腰）和較短的腿。過度的運動及肥胖可能會誘發椎間盤突出，需要多多注意。特別是從高處往下跳下來的動作，會給脊椎帶來負擔。

05

分離焦慮症

#1 打開廁所的門

各種分離焦慮的症狀

狗寶貝與主人或家人分開所出現的不安行為，如吠叫、啜泣、咬壞物品、隨地大小便和不吃飯，都算是這些症狀。拉姆在旅行途中或是到陌生的地方，絕對不會讓牠離開我們的視線，因如果拉姆看不到我們，牠會感到不安，會一直央求給我們抱。

#2 即使這樣，還是每次都很擔心

首先關愛跟觀察很重要！

狗寶貝出現分離焦慮症的原因有很多種，也會出現多種的症狀。有人在跟沒人在的時候，出現的行為也會不一樣，可能會導致危險的處境。原本沒有分離不安的狗寶貝，也可能會因為搬家或生活環境改變而出現症狀。首先，要先關愛牠，仔細觀察，另外諮詢專家的幫忙也很重要。

#分離焦慮 #廁所哨兵

有沒有什麼方法可以減少分離焦慮？

A 如同字面上的意思，分離焦慮是指狗寶貝與狗主人分離時出現的現象，因此，只要不與狗寶貝分開就好了。

Q 如果需要短暫分開時，該怎麼辦呢？

A 如同沒有分開一般，總是讓狗寶貝感受到狗主人的關愛與幸福就好了。

Q 請告訴我們具體要怎麼做呢？

A 一般的作法是，要外出時給予零食，或是在地板上放置有狗主人體味的睡衣或被子。但最重要的是，要給予愛犬狗主人一定會回來的信任。

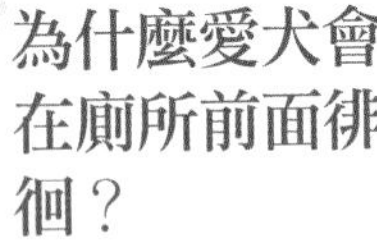

Q 原來給予愛犬狗主人一定會回來的信任，是那麼地重要。

A 最近，利用各式各樣的CCTV機器來觀看狗寶貝，或是溝通的方法也有人使用。

為什麼愛犬會在廁所前面徘徊？

A 有許多原因，如果平時廁所是狗寶貝排便場所的話，狗寶貝會認為是自己的地盤。

Q 天啊！希望我家的寶貝沒有這種想法。

A 開始排便的瞬間是無防備的狀態，狗寶貝也可能是為了保護狗主人的意圖。

Q 咦！？到底是誰保護誰啊…不過還是很感動。

A 如果是比較會撒嬌的狗寶貝，也有可能只是為了一直黏在狗主人身邊。

Q 這個是最令人滿意的答案了！

針對分離焦慮，一定要向專家諮詢

如果日常生活中，狗寶貝有出現分離焦慮的情況，需要確認一下狗寶貝的身心狀態，以及與狗主人的信賴程度。

這個時候，不要自己一個人苦惱，一定要接受專業的諮詢。也推薦去聽聽相關的講座或是教育課程。

鬆獅犬 CHOWCHOW

- 產地：中國
- 體重：20～32kg
- 體型：中型
- 外表特徵：肌肉身型、像獅子般的毛
- 性格：安靜且警戒心強
- 運動量：普通
- 注意疾病：脂漏性皮膚炎、白癬、食物過敏、脫毛症、腎臟炎
- 毛色：紅色、米色、黃褐色、黑色、藍色
- 親和性：低
- 掉毛：多

被廣為人知的鬆獅犬，有著如獅子般蓬鬆的毛和外型，腰部是其最有魅力的部位。平時很安靜、沉穩的鬆獅犬，最特別的是只會認定、跟隨一個狗主人，對於陌生人警介心強，如果不特別注意的話，很有可能會發生危險。視力不好，對於輕微的變化很容易受到驚嚇。因有著蓬鬆的毛，怕熱不怕冷，因此，夏天時要特別地注意。

05

食糞症

#1 我們的愛犬吃了糞便

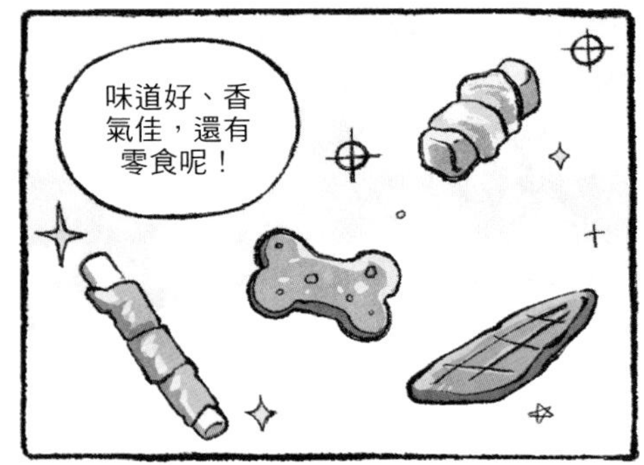

千萬不要責罵牠

責罵牠後，雖然沒有吃下糞便，但通常又會不自覺地吃下去，反而會讓狗寶貝產生陰影。以拉姆來說，在家裡排便的時候，會立刻清理掉。如果是去外面散步，會誘導牠排便，之後也是馬上清理掉，我們是這樣教育牠的。只不過，有時候也是會吃掉其他狗寶貝排的糞便。唉呀！

#2 脫離吃糞便的狗

食糞症的原因各式各樣

在變成成犬之前，幼犬時期會因為好奇心而吃下去，也可能因為旺盛的食慾而吃下去。攝取的營養成分不足時，也可能會吃糞便；有壓力的時候，也可能會吃，原因各式各樣。如果有食糞症的話，請多多觀察並改善。

#食糞便原因 #解決方法

請告訴我食糞症的原因是什麼？

A 醫學上的原因為胰臟異常、腸炎吸收不良和暴飲暴食等原因。

Q 唉！如果症狀持續的話，要考慮是不是要做健康檢查了。

A 不過，大部分是行為方面的原因比較多，為了得到狗主人的關愛，模仿狗主人清糞便，或是看到其他狗寶貝吃糞便而模仿學習。

Q 天啊！真的什麼都跟著做！

A 因消化力下降或飼料快速吃完，變成糞便大出來之後，吃掉的情況也很常見。

Q 嗯…還是希望能不要吃大便…

食糞症可以矯正嗎？

A 不同時期，使用適合的治療方法。

Q 真的嗎？請告訴我。

A 首先，消化不好的時候，在飼料裡添加消化酵素，也添加一點讓糞便味道變化的添加劑。另外，行為矯正的部分，重要的是賦予狗寶貝不要食糞的動機來取代體罰。

Q 請再詳細地說明。

A 如果是想得到關愛的話，直接無視是最好的方法。用來源封鎖的方式，當狗寶貝正在排便的時候，不要與狗寶貝對到眼，裝作不知道，然後趕快清掉糞便。此時，如果沒有吃掉糞便的話，給予零食或帶去散步來當獎勵。大部分過了思春期，變成成犬後，食糞症就會停止，不用因為此次行為而太過急躁。

Q 拉姆已經過了思春期了。

狗寶貝食糞症的原因

✔ 太無聊+好奇心

✔ 飼料的份量不夠的時候

✔ 有壓力的時候

✔ 排便訓練時，被責罵過頭，為了怕被罵，將糞便藏起來

可卡犬 COCKER SPANIEL

- 產地：美國
- 體重：9～16kg　　體型：中型
- 外表特徵：看起來厚重的身型和毛髮
- 性格：樂天、活潑、忠心
- 運動量：多
- 注意疾病：關節脫臼、脂漏性皮膚炎、支氣管擴張症、擴張性心肌症
- 毛色：黑色、茶褐色、紅色、淡黃色、斑點花紋
- 親和性：高　　掉毛：普通

和藹、活潑的可卡犬對狗主人來說，是情感很特別的犬種。因此，跟主人在一起時，積極訓練後，是非常帥氣的狗寶貝。由於是狩獵犬出身，所需運動量大，需要每天一起運動或散步。不過，對於炎熱忍受度較差，散步時需要避開夏季白天。也別忘了要經常梳理毛髮，才能維持可卡犬優雅的外型。

PART 4
健康的愛犬

01

騎乘行為、關節變形與骨折

#1 這是在發春嗎？

騎乘行為與性別無關？！

一般人都認為只有雄性才會出現騎乘行為，不過事實上與性別無關，雄性、雌性都會出現此種行為。騎乘行為不只是單純與性相關的行為，還有很多種的原因，有時狗寶貝會認為是在玩耍。如果要讓狗寶貝停止此行為，只要果斷地拒絕牠就可以了。不過，如果太常反覆出現此行為的話，會被懷疑是不是一種疾病，務必要帶狗寶貝去動物醫院檢查。

#2 為什麼不能說話！

如果表現出不舒服的樣子，算是萬幸了…

拉姆算是會無病呻吟的狗寶貝，即使只有那麼一點點不舒服，也會哀嚎。其他狗寶貝即使不舒服也會忍住不表現出來，或是表現出不痛的樣子。喜歡從高處往低處跳下去的狗寶貝，在玩耍的時候由於有太多的跳躍動作，會造成挫傷、骨折、膝蓋骨脱臼、韌帶拉傷等多種腿部疾病。如果在走路時，有發現任何異常的話，務必帶狗寶貝去給獸醫師檢查。

我的銀行帳戶也在流血…

#騎乘行為 #病痛表達

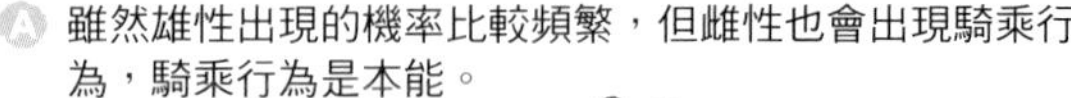

騎乘行為的原因，雌雄不一樣嗎？

A 雖然雄性出現的機率比較頻繁，但雌性也會出現騎乘行為，騎乘行為是本能。

Q 啊！如果要滿足慾望的話，有什麼方法呢？

A 主要在室內生活的狗寶貝們對於要滿足交配的慾望是比較困難的，一般來說，會藉由結紮手術來舒解壓力。

Q 結紮後，可以減少騎乘行為的次數嗎？

A 如果不結紮的話，可能會更常出現騎乘行為。

不過，如果是在思春期之後才進行結紮手術的話，由於曾經有騎乘行為的記憶，可能還是會出現這種行為。

Q 本能是無法忘記的，所以還是要事先了解。

如果不會病痛表達的話，該怎麼樣才會知道呢？（如果有眼睛看得出來的症狀）

Q 如果是人的話，腳踝稍微扭傷的話，會貼個藥布，嚴重的話，照個X光、打上石膏，可是狗寶貝的話…

A 這也可以說是狗寶貝的本能，即使膝蓋骨脫臼，仍然若無其事地行走。

Q 即使是裝病也好，如果能夠表現出不舒服的話，該有多好。

A 所以如果出現肉眼看得出來的症狀，表示關節炎已經很嚴重，甚至可能十字韌帶已經撕裂，可以從抬腿和走路一跛一跛的樣子觀察出來。

Q 天啊！如果是我的話，早就臥病在床了。

觀察狗寶貝腿部的形狀與坐姿！

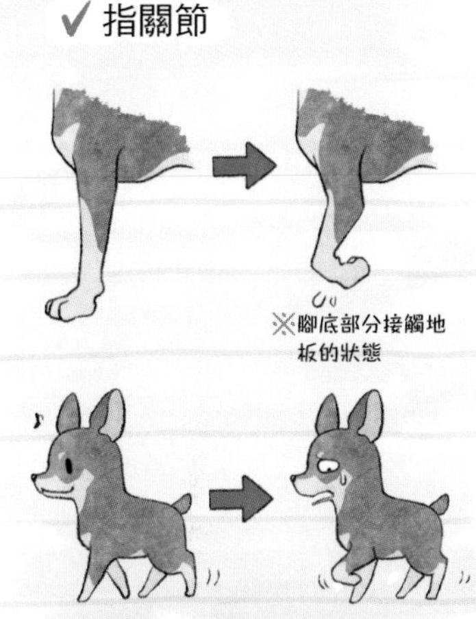

活動力旺盛的狗寶貝經常跑來跑去，到處撞來撞去，可能會不知不覺就出現傷口。平時狗主人要經常檢查愛犬的身體，就可以知道有沒有出現新的傷口。膝蓋韌帶扭傷、膝蓋骨脫臼、膝關節接合面的韌帶損傷，可能會造成十字韌帶斷裂、半月板損傷等。如果狗狗疼痛哀嚎、一瘸一拐、坐姿異常的話，請立即帶去醫院接受獸醫師的診斷。

○

×

騎士查理王小獵犬

CAVALIER KING CHARLES SPANIEL

- 產地：英國
- 體重： 5～8kg　　體型：小型
- 外表特徵：長耳、各種顏色的斑紋毛髮
- 性格：活潑、冒險、溫柔
- 運動量：多
- 注意疾病：遺傳性心臟疾病、外耳炎
- 毛色：白色&黑色、白色&紅色、白色&黑色&紅色、斑紋
- 親和性：高　　掉毛：普通

長毛騎士查理王小獵犬簡稱查理犬，名字Cavalier的意思是中世紀的騎士，身材均勻，多樣的毛色和斑紋是其魅力所在。愛冒險，溫馴的性格，容易馴服，很容易成為好朋友。騎士查理王小獵犬很聰明，訓練的成效也很好。耳朵較長，需要多多注意耳朵清潔，以預防外耳炎。

02

興奮、吠叫、眼睛健康

#1 想注視著你

如果突然吠叫，該怎麼辦？

狗寶貝在遇到危險或處於警戒時，可能會吠叫。發生這種情況時，要當作什麼事也沒有，不要有任何反應，或是與狗寶貝視線對齊，伸出手掌，打個哈欠，告訴狗寶貝，狗主人現在處於很安全自在的狀態。

雞屎般的淚液

依據犬種不同，可能本身淚液就比較多，或是因為過敏、疾病、老化等因素淚液變多。如果是突然間淚液變多的話，一定要帶去動物醫院給獸醫師診斷。輕者，可能只要吃吃藥，嚴重的話，可能需要手術。不過手術是最後的手段，一定要充分諮詢獸醫師。

#2 同床異夢

因為淚腺受到刺激嗎？真是不捨

#練習鎮定 #淚腺刺激 #淚腺手術

抑制興奮的方法？

A 引起興奮的原因有很多，與狗主人關係好的狗寶貝，只要眼神交流就可能會雀躍不已。

Q 真是厲害！平時的教育和相當程度的信賴才能辦得到！

A 興奮的時候，用零食來轉移注意力。仔細觀察狗寶貝為什麼而興奮，掌握原因之後，給予適當地教育訓練。

Q 我家的狗什麼時候才能這樣呢？

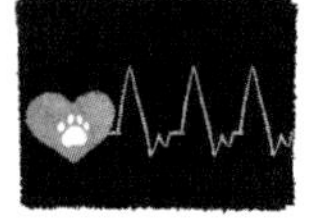

A 務必給予狗寶貝適當的教育，認真學習，努力吧！要有耐心與毅力。

Q 耐心與毅力～加油!

要如何消除淚腺的刺激呢？

A 白毛的淚腺刺激是不可能沒有的。

Q 我的天啊！意思是白毛的狗寶貝這一生都會受到淚腺刺激的影響。

A 目前淚腺刺激可以透過美容來消除。

Q 除了美容，還有其他方法嗎？

A 有調整淚液量的方法。除了手術這個方法，最近市面上也有販售調整眼淚量的藥劑，請向動物醫院的獸醫師諮詢 。

進行淚腺手術的話，聽說會有副作用？

Q 曾經聽說如果進行淚腺手術的話，老了之後，沒有淚液，不能眨眼，一輩子要滴眼藥水？

A 如果割除淚腺的話，之後眼球會太乾而出現乾眼症，因此，並不建議。可將淚腺保留，透過手術讓淚液較容易排出，但這麼做的話，由於眼線會消失，缺點是較不美觀。幸好目前已經有販售有效治療多淚症的的口服藥了。

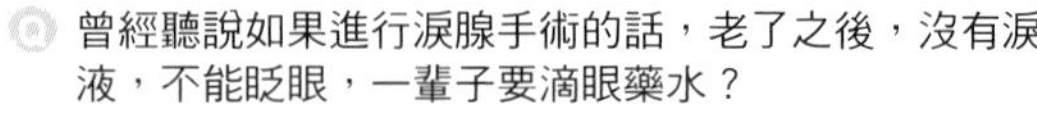

注意狗寶貝的眼睛健康！

✔ 健康的眼睛

✔ 眼屎

- 正常的眼屎顏色
- 出現發炎的眼屎顏色

✔ 眼球疾病

角膜炎

※角膜炎通常不會單純出現，會伴隨著結膜炎、角膜潰瘍。

角膜炎

白內障

角結膜炎

法國鬥牛犬 FRENCH BULLDOG

- 產地：法國
- 體重：10～13kg　體型：中型
- 外表特徵：短毛、豎著的圓形耳朵
- 性格：喜歡親近人、溫馴、開朗
- 運動量：普通
- 注意疾病：皮膚病、角膜炎、結膜炎、眼球突出、肺炎、肥胖、白血病、尿路結石
- 毛色：白色&黑色、白色&黃褐色、斑紋
- 親和性：普通　掉毛：多

有個性的表情、寬距的雙腿、圓潤且健壯身材的法式鬥牛犬，是一種好奇心旺盛且聰明的犬種。平時性格從容且溫馴，但事實上力氣大，當有危險狀況出現時，需要好好控制，平時就要做好教育。容易因運動量不足而出現肥胖現象，需要注意飲食跟適當的運動量來維持健康。不用激烈的運動，以悠閒的散步就很足夠了。不耐熱，因此夏天需多多注意。外出回家後，需要將臉上皺紋空隙清潔一下，擦乾淨。

03

肛門與耳朵健康

放任不管的話，會生病

不好好管理肛門囊的話，會出現便祕、無法做出端正的坐姿、有膿水和血漬、舔肛門等症狀，嚴重的話，甚至可能會破裂。這時，就得手術才能治療了。但是也不可以太用力的擠壓肛門囊，過程中如果出血或是出現傷口的話，務必要帶去動物醫院給獸醫師檢查。

#1 屁股當雪橇板的時間

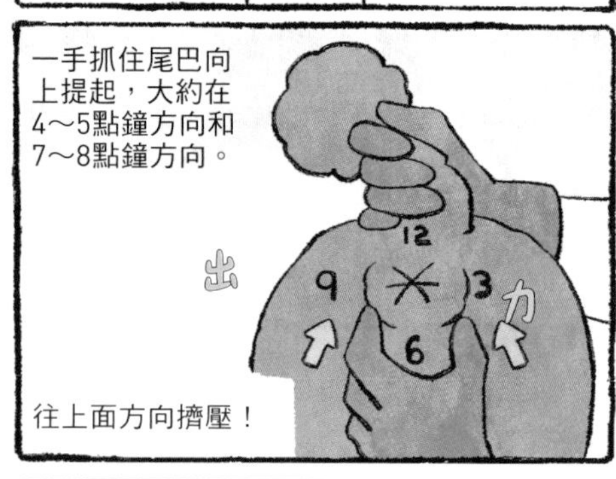

#2 輕輕搓揉清潔

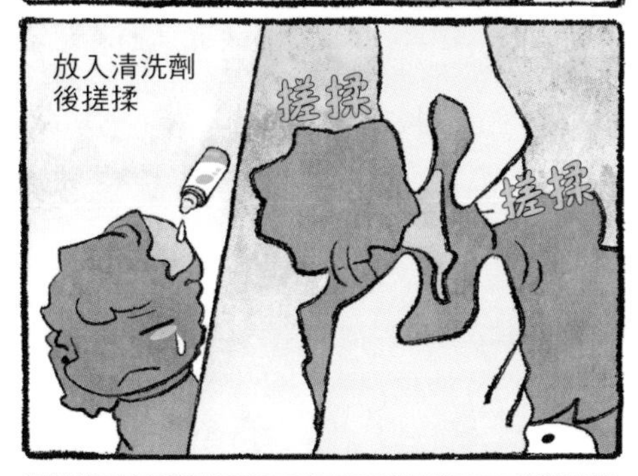

耳朵蓋起來的狗寶貝要更注意！

像拉姆一樣耳朵大或是蓋起來的犬種，由於耳朵內的濕度較好，細菌容易孳生，出現耳朵疾病的機率很高。為了預防耳朵疾病，請平時多多注意觀察耳朵內的狀況。還有如果已經患有耳朵疾病，用藥劑清洗耳朵，不要在洗澡前後2～3天進行，要記得避開這段時間。

#肛門囊 #耳朵清潔

擠壓肛門囊的頻率？

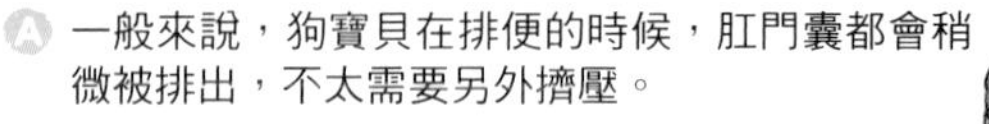
A 一般來說，狗寶貝在排便的時候，肛門囊都會稍微被排出，不太需要另外擠壓。

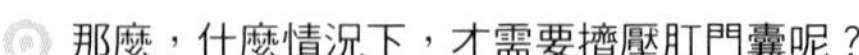
Q 那麼，什麼情況下，才需要擠壓肛門囊呢？

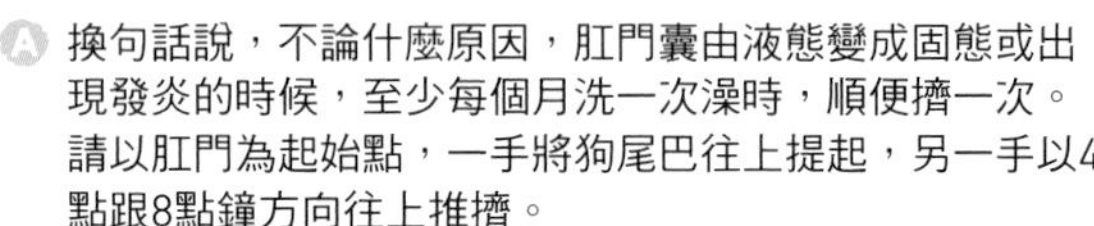
A 換句話說，不論什麼原因，肛門囊由液態變成固態或出現發炎的時候，至少每個月洗一次澡時，順便擠一次。請以肛門為起始點，一手將狗尾巴往上提起，另一手以4點跟8點鐘方向往上推擠。

Q 應該不會痛吧？

清潔耳朵的次數與注意事項？

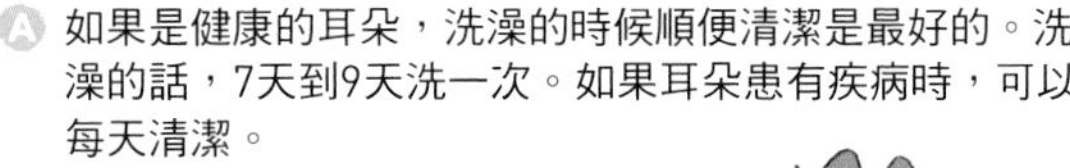
A 如果是健康的耳朵，洗澡的時候順便清潔是最好的。洗澡的話，7天到9天洗一次。如果耳朵患有疾病時，可以每天清潔。

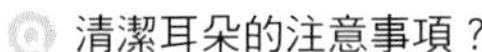
Q 清潔耳朵的注意事項？

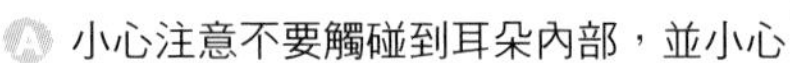
A 小心注意不要觸碰到耳朵內部，並小心不要出現傷口。如果出現傷口的話，可能會導致發炎，不要使用棉花棒，要使用柔軟的棉花球清潔。

務必確認狗耳朵的健康狀態！

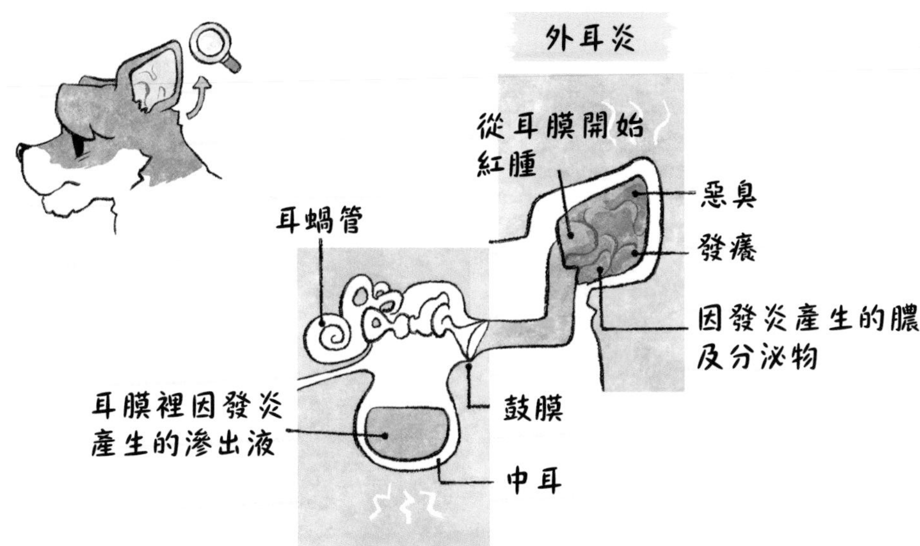

北京狗 PEKINGESE

- 產地：中國
- 體重：2.5～6kg　　體型：小型
- 外表特徵：寬闊的胸、茂盛的毛髮、短又扁平的臉
- 性格：充滿自信、獨立性強、膽子大、沒有攻擊性
- 運動量：少
- 注意疾病：椎間盤突出
- 毛色：白色、黑色、褐色等多種顏色
- 親和性：普通　　掉毛：普通

北京狗雖然膽子大，但卻不具有攻擊性。謹慎小心、固執，雖然訓練起來較辛苦，但由於不是活潑的個性，只是個性開朗，訓練上不會有任何問題。對於家庭成員和藹、熱情，對於陌生人則警戒心強。茂盛的毛髮在冬季是天然的保暖衣，但相對地，夏季卻是痛苦的季節，為了狗寶貝的健康，請務必做好溫度調節控制。特別是為了預防毛髮打結，不要忘了每天都要幫忙梳理。

04

嘔吐、低燒和高燒

#1 蠕動蠕動，嘔！！

經常嘔吐的話，一定要去獸醫院！

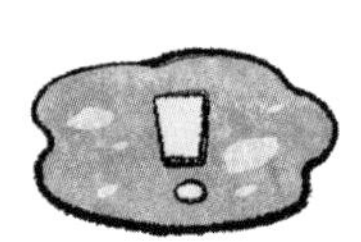

狗寶貝可能偶爾會出現嘔吐現象，不過一週內如果嘔吐頻率超過3次或食慾不振、嘔吐物中出現血跡，這些都是健康出了問題的跡象。如果有上述狀況，請務必盡速送狗寶貝到醫院。

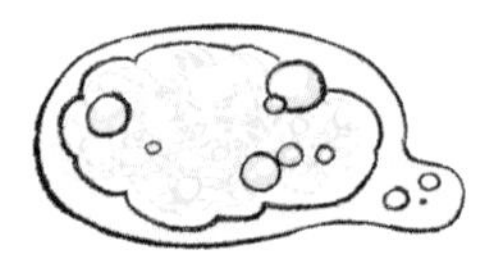

嘔吐物如果是泡沫型態的話，表示空腹時間過長！

#2 我家的狗寶貝很熱

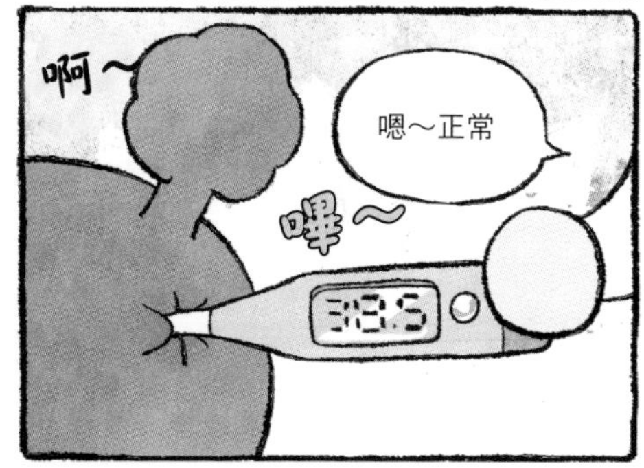

體溫用體溫計來測量！

因為狗寶貝的體溫比人類體溫還要高一點，所以常常會感覺到溫度較高。比起單純用手觸診，建議用體溫計測量會比較準確。如果持續超過40度高燒或低於38度低燒的話，務必要帶去動物醫院給獸醫師診斷。

狗寶貝的體溫約在38.5度～39.5度

#嘔吐的理由 #吃掉嘔吐物 #狗吃草

嘔吐的原因有哪些呢？

A 嘔吐的原因有很多，重要的是確認狗寶貝出現嘔吐的原因。

Q 哇！原來嘔吐的原因這麼多啊！

A 一週內嘔吐1～2次以下的話，算是正常的。

Q 那麼，真正有問題的嘔吐是什麼情況？

A 一天內嘔吐了好幾次，嘔吐物帶有濃濃的異味，顏色混濁濃稠的話，就一定要帶去動物醫院給獸醫師檢查。

Q 除了糞便之外，連嘔吐物也要仔細地觀察。

A 健康的狗寶貝如果出現嘔吐的話，餓一餐不吃也是一個方法。

狗寶貝如果再將嘔吐物吃進去的話，會有什麼問題嗎？

A 會造成第二次的刺激或有感染的風險，不要讓狗寶貝再吃進去。

Q 為什麼狗寶貝會再吃下去的原因是什麼？

A 有時候在嘔吐物裡面還有剛剛吃下去的食物味道，或者是為了毀屍滅跡等，有很多種原因，但都不應該讓狗寶貝再次吃下去。

Q 狗寶貝胃不舒服時，如果想嘔吐的話，有聽過讓牠吃一點草的說法，這是正確的作法嗎？

A 也有很多狗寶貝因為胃不舒服，為了要吐出來，故意吃東西的情況，不過，最好是不要讓狗寶貝吃草。為了避免吃到毒草或是噴灑了除草劑的草，不得不注意。

Q 啊！沒有想到除草劑這一點，那麼一定不能讓狗寶貝吃草才行。

由於狗寶貝不會說哪裡不舒服，

因此，平時就要仔細地觀察狗寶貝是非常重要的。

出現不舒服症狀的狗寶貝，可能會發出呼吸困難、沒有精神、沒有食慾、無法順利排泄，或是昏倒等大大小小的訊號。日常生活裡要好好地觀察狗寶貝的行為，如果出現與平時不一樣的行為，一定要確認後，帶牠去動物醫院給獸醫師檢查。

獵狐梗 Fox Terrier

- 產地：英國
- 體重：7～8kg　　體型：小型
- 外表特徵：優雅的體型上有著下垂的耳朵、朝天的尾巴
- 性格：愛冒險犯難、聰明
- 運動量：多
- 注意疾病：白內障、水晶體脫位、軟骨炎
- 毛色：白色+茶褐色斑點
- 親和性：普通　　掉毛：普通

固執、喜愛冒險抓老鼠的獵狐梗，從名字上可以得知，身為獵狐，在獸獵活動上十分活躍，是個性活潑的犬種。天性勤勞好動，具挑戰性格，因此訓練上適應性較低，不過對主人忠心，適應環境快速。由於是一種群居生活的犬種，單獨飼養時，會感到孤獨寂寞，需要特別注意。與積極主動的狗主人很合得來，是個好伙伴。另外，順帶一提，牠特別喜歡挖土。

05
結紮手術

雌性的發情期

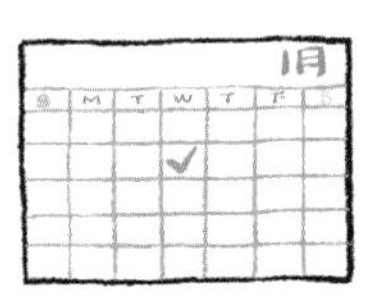

雄性的思春期約在4～6個月大，此時為性成熟時期。但成為狗爸爸的時間點通常是出生1年過後。雌性約在出生後8～10個月左右生理期會出現。之後，一年大概會發情2～3次，並伴隨的生理期的來臨，如果不想要懷孕的話，要特別地注意。如果是雌性的話，要特別注意生理的週期。

#1 空的陰囊

#2 臟器摘除現場

結紮手術的副作用

雖然結紮有許多好處，但也是有副作用的，最普遍常見的是變胖。雖然可能性不高，如果手術有疏失的話，可能會出現排尿問題。狗寶貝身為一起生活的家庭成員，請充分與專業獸醫師諮詢且謹慎思考再做決定。

#包尿布 #結紮手術

生理期來時，可以穿尿布嗎？

A 事實上，如果狗寶貝不去舔的話，最好是不要穿。

Q 可是到處都沾滿了生理期的血。

A 沒有想像中流得那麼多。最好是在經常停留的地方鋪上墊子，如果這樣生理期的血還是沾得到處都是，無法忍受的話，那就只好包上尿布吧！在包尿布時，請經常更換，不要讓狗寶貝感染了。

Q 當狗寶貝生理期來時，不受任何約束，等到生理期結束後，狗主人再去清理戰場也可以嗎？！

一定要接受結紮手術嗎？

A 雖然許多狗主人認為結紮手術很殘忍，但真正殘忍的是未接受結紮手術而引起的疾病與生理現象。雄性會因為慾求不滿產生因壓力而導致的疾病。雌性要在第一次生理期來之前接受結紮手術，這樣子的話，可以將乳癌的發病機率降到0.5%以下。

Q 那麼結紮手術在什麼時期接受比較適合呢？

A 雄性在青春期前4～5個月時，
雌性在第一次生理期前8～10個月是最適合的時間。

結紮手術的優缺點

結紮手術各有優缺點。仔細地評估優缺點，與獸醫師充分地諮詢後，再做決定。另外，雌性與雄性在結紮的方法和費用上也不一樣。

	優點	缺點
雄性	✓ 減少騎乘行為、做記號及攻擊行為 ✓ 減少因荷爾蒙分泌過多，造成前列腺肥大、會陰疝氣、圍肛腺瘤等疾病	✓ 有肥胖的危險 ✓ 手術副作用（部分）
雌性	✓ 減少子宮或卵巢腫瘤及子宮蓄膿症等 ✓ 減少乳腺腫瘤的發生 ✓ 減少生理期來臨時的不適	✓ 有肥胖的危險 ✓ 容易尿失禁 ✓ 手術副作用（部分）

約克夏梗 YORKSHIRE TERRIER

- 產地：中國
- 體重：2.5～6kg　　體型：小型
- 外表特徵：寬闊的胸、茂盛的毛髮、短又扁平的臉
- 性格：充滿自信、獨立性強、膽子大、沒有攻擊性
- 運動量：少
- 注意疾病：椎間盤突出
- 毛色：白色、黑色、褐色等多種顏色
- 親和性：普通　　掉毛：普通

如活著的寶石般的稱號，有著綢緞般毛髮的犬種。總是朝氣蓬勃且有自信的約克夏梗，雖然有著華麗的長毛，但毛髮管理不需太複雜，只要一天梳理一次就可以維持柔順、美麗的毛髮。聽覺敏銳，容易吠叫。別看那小小的體型，膽子大，會充滿使命地保護主人的帥氣犬種。

06

懷孕和生產

#1 小孩是怎麼來的？

交配的時間點通常是生理期來之後的第11～13天。

日	月	火	水	木	金	土
生理期	1	2	3	4	5	6
7	8	9	10	11	12	13

如果想讓愛犬懷孕的話，請事先做功課。

事前確認懷了幾胎

懷孕55天前後，拍攝X光片來確認懷了幾胎。如果在不知道懷了幾胎的情況下生產的話，會不知道最後一隻出來了沒。如果太晚引產，可能會出現呼吸困難、窒息的情況。

#2 生命的奧祕

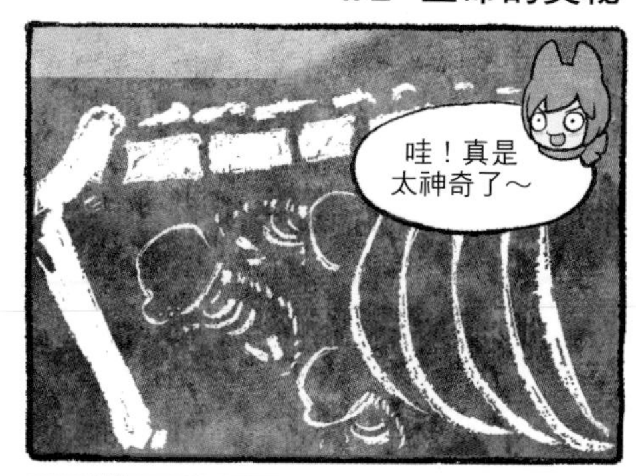

小型犬要更加注意！

比起大型犬，小型犬懷孕的話，體內小狗的體型大小遠比狗媽媽來得大。體型小的小型犬在生產時，常常會發生卡在產道，需要剖腹產的情況。因此，在狗寶貝生產前，要多做功課，仔細地準備才行。

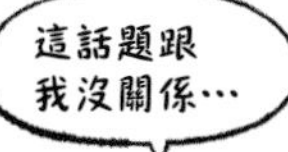

#生產準備 #狗主人該做的事

生產準備時，需要知道的事情？

Ⓐ 懷孕後約50天進行X光攝影檢查，確認懷了幾胎、胎兒的狀態、骨盆大小和是否可自然產。

Ⓠ 原來跟人類一樣要定期產檢，還有什麼事項要特別注意的呢？

Ⓐ 大部分在懷孕60（58～68天）天前後生產，從第58天開始就得更仔細地觀察。生產的徵兆非常容易看得出來，請事先預做準備。

感到不安

尋找角落

撕咬報紙或布且收集起來

狗主人該做什麼事呢？

1) 生產前的體溫會比平常還低個1～2度，因此需要定期地測量體溫。

2) 藉由照X光來確認小狗的大小、狗媽媽骨盆的大小等來排除難產的可能。

3) 也有可能在夜間生產，請事先找到家附近24小時的動物醫院。

有經驗的狗主人可以事先準備乾淨的毛巾、綁臍帶的線及剪臍帶的剪刀。

從懷孕到生產的過程及確認清單

出生後8～10個月第一次生理期		
以後每6個月2次（1年2～3次）生理期		☐ 建議6歲以下的狗寶貝才受孕
生理期第9天	陰道細胞檢查	☐ 確認交配日期 ☐ 換成高營養、高熱量飼料（專用犬糧，懷孕飼料）
生理期第11天	第一次交配	
生理期第13天	第二次交配	
第一次交配後25～30天/ 45天	超音波檢查	☐ 是否懷孕，胎兒數量，心臟確認
第一次交配後55～58天	放射線檢查	☐ 胎兒頭部尺寸與狗媽媽骨盆尺寸比較 ☐ 評估難產的可能性及確認胎兒數量 ☐ 熟悉生產要領及注意事項
第一次交配後58～63天	第一次交配結果確認	☐ 第一次交配後，確認經過天數
第一次交配後64～68天	第二次交配結果確認	☐ 第二次交配後，確認經過天數
生產	難產，剖腹產	☐ 預產期前先查詢夜間接生的動物醫院
生產後	產婦管理，哺乳	☐ 餵食狗媽媽鈣劑，餵食幼犬母乳
生產後35天	餵食斷奶食物	☐ 餵食幼犬加了水的飼料
生產後42天	第一次預防接種	☐ 替幼犬進行預防接種及去除害蟲

雪納瑞 SCHNAUZER

- 產地：德國
- 體重：5～7kg　體型：小型
- 外表特徵：長鬍子、長眉毛、V字下垂的耳朵
- 性格：聰明、順從
- 運動量：普通
- 注意疾病：白內障、心臟瓣膜症、心臟麻痺、糖尿病、膀胱炎、癲癇
- 毛色：白色、黑色+灰色、白色+黑色
- 親和性：普通　掉毛：少

活潑、開朗、聰明的雪納瑞，在訓練上不困難，對於家人忠心，但對於陌生人警戒心高，容易吠叫，作為警犬也非常合適。為了預防毛髮粗糙、堅硬、打結，請每天梳理鬍子與腿部的毛。屬於易胖體質，為了預防肥胖，請調整餵食量及運動量，以維持健康。

PART 5 乾淨的愛犬

01

刷牙、修剪指甲

#1 刷牙刷牙

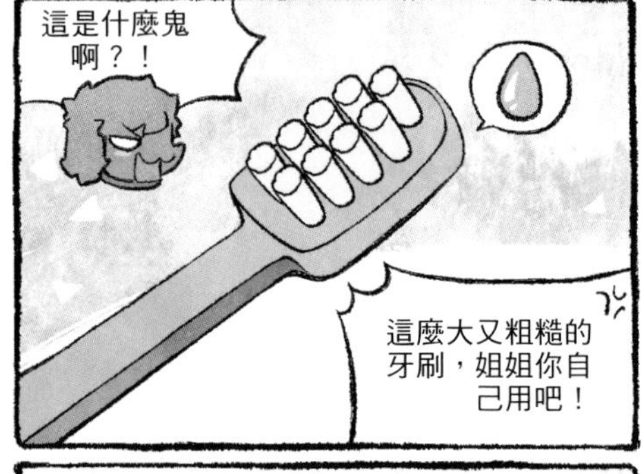

一定要刷牙

狗寶貝從小就要開始刷牙和管理牙齒，雖然比起人類，發生齲齒的機率很低，但如果不刷牙的話，嘴巴會出現口臭。嚴重的話，會引起牙周病的牙結石而痛苦不堪。牙周病會讓牙齦疼痛，嚴重的話，牙齒會脫落、下巴齒骨出現異常。嘴巴裡的細菌會影響腎臟、肺及心臟，誘發其他疾病，不得不多加注意。

#1狗主人的失誤

來人啊！
杖刑伺候

安全剪腳指甲的方法

後腳指甲只有散步時使用，但前腳的腳指甲一定要做好管理。由於腳指甲裡面有血管，如果修剪太短的話會流血。白色腳指甲可以看到血管，但黑色腳指甲卻看不太清楚，因此，修剪時務必要特別小心。如果不小心流血的話，使用凝血劑重壓來止血。

#選擇牙膏 #刷牙方法 #致癌物質 #指甲管理

共用狗主人的牙膏可以嗎？為什麼含氟成份對狗狗不好呢？

人類使用的牙膏通常都含有氟，氟成分能有效防止細菌在牙齒表面附著繁殖。人使用方法是刷牙後會用水漱口，將漱口水吐出來，但狗寶貝會吞食下去，所以無法一起共用牙膏。氟本身對於狗寶貝的牙齒也有一樣的效果，但由於狗寶貝會吞食下去，因而可能會產生氟中毒。狗寶貝使用對於腸胃沒有刺激性的酵素牙膏是最好的。如果出現氟中毒的話，骨頭會出現異常，導致出現步行障礙，毛髮變粗糙，嚴重的話，可能會導致死亡。

每天都要刷牙嗎？

能每天刷牙當然是最好的。如果不行，至少一週刷一次以上。如果出現很多泡泡的話，請務必用乾淨的毛巾擦拭，別讓狗寶貝吃下泡沫。牙齒要健康，才能有良好的消化能力，一定要銘記在心。

聽說牙膏裡有致癌物質？

即使吃下酵素牙膏沒有什麼太大的問題，但儘可能不要吞下去，裡面可能含有致癌物質。市售的牙膏種類繁多，請參考獸醫師的建議再購買。

狗寶貝的腳指甲變長的話，對腿部健康的影響是什麼？

A 如果腳指甲持續長的話，腳趾會彎曲變形，也會增加對關節的負擔。

Q 多久要修剪一次呢？

A 由於狗寶貝的指甲是向內彎曲，指甲太長的話，會插進去肉球裡或扎到肉，一個月至少修剪一次。

Q 有沒有需要注意的事項？

A 指甲太長的話，血管與神經也會跟著生長，無法修剪得太短，剪得太短的話，步行上會出現困難。因此平時就要多注意指甲的長度。

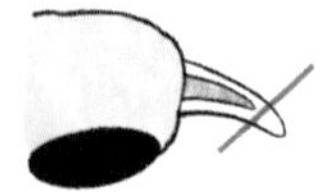

Q 原來一隻健康的狗寶貝，從頭到腳都要注意才行。

保養狗寶貝牙齒的祕訣

① 使用狗寶貝專用的牙刷和牙膏。

② 建議規律地在同一時間刷牙，確認臼齒上有沒有牙結石或牙齦是否有腫起。

③ 食用狗口香糖或給予粗繩，能有效地去除牙結石。

④ 建議一年進行一次口腔檢查。

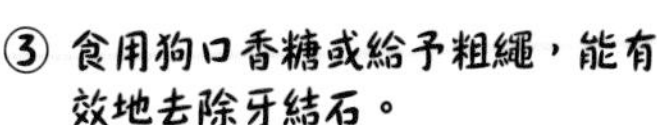

西施犬 SHIH TZU

- 產地：西藏
- 體重：5.4～6.8kg　體型：小型
- 外表特徵：帥氣的毛髮、扁平的鼻子、彎曲的尾巴
- 性格：擅交際、易親近
- 運動量：少
- 注意疾病：外耳炎、腎臟病、眼疾、心內膜炎、脂漏性皮膚炎
- 毛色：多樣毛色
- 親和性：高　掉毛：普通

情感豐富、愛撒嬌的西施犬，雖然個性很溫馴，但自尊心強、血氣方剛。喜歡跟著主人走來走去，對於陌生人或其他狗寶貝會展現出高傲的樣子，也容易吠叫，因此從小就要訓練社會適應性，可以幫助減少一些令人困擾的行為。雖然為長毛，每天都要梳理毛髮，但由於不太會掉毛，也不太會有異味，是許多家庭喜歡飼養的寵物。

02

甩毛、磨蹭身體

#1 歐伊歐伊！災難的警報

狗寶貝甩身體是自然反應

如果毛沾到水的話，狗寶貝自然而然會將水甩掉，自行將水和異物去除，也可以順便預防低體溫症等危險。沒有沾到水時，也可能會為了轉換無聊的氣氛、舒解壓力，或是從興奮的情緒平靜下來時，而甩動身體。

#2 人家想噴香水再走

磨蹭身體的原因有很多！

一般來說，將身體或臉在地上磨蹭，可能是因為有味道或是心情好，自然而然出現的行為。不磨蹭身體可能是因為敏感、膽小害怕，也可能因為發癢或發炎而磨蹭身體。當狗寶貝出現磨蹭身體的行為時，請仔細觀察。

#理解狗寶貝的行為

如在骯髒的地方磨蹭身體的話該怎麼辦？

A 磨蹭身體為本能，但如果是在骯髒的地方的話，可能會出現皮膚病，一定要避開。

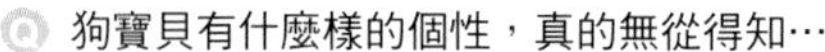

Q 轉眼間就已經磨蹭下去了，該怎麼辦？

A 用零食或玩具來轉移注意力，乾淨地洗完澡後，用吹風機吹乾。

Q 狗寶貝有什麼樣的個性，真的無從得知…

A 主人多用心陪伴，一定可以瞭解的。

Q 有時候牠磨蹭完都會跑來看著我，是為什麼？

A 可能希望主人跟牠一起去磨蹭牠喜歡的東西。

Q 喔…不！

人與狗只是喜歡的香味不一樣

到溪邊散步途中，看到拉姆在一隻死掉的蚯蚓上面磨蹭身體，真的是嚇死了。每次只要看到死掉的蚯蚓，拉姆都出現一樣的行為，諮詢獸醫師後得知，狗寶貝喜歡蚯蚓身上特有的臭味，而拉姆因為想要自己身上帶有這個味道，所以才這麼做。雖然現在不再驚嚇，但還是得煩惱洗澡的問題。相反地，有的狗主人因為個人的喜好，替狗寶貝買了一些人類喜歡的噴霧或洗毛精，因為可以散發出自己喜歡的濃郁香味，讓自己的心情很好。但狗狗不一定喜歡，所以我都是用無香味的產品。

蝴蝶犬 PAPILLON

- 產地：法國、比利時
- 體重：4～4.5kg　體型：小型
- 外表特徵：像蝴蝶般的耳朵
- 性格：活潑開朗、勇敢且多情、較調皮、吵鬧
- 運動量：普通
- 注意疾病：骨折、角膜炎、白內障、遺傳性耳背
- 毛色：白色+黑色、黃褐色斑紋
- 親和性：高　掉毛：普通

如法語Papillon蝴蝶這個名字般，有著緞帶模樣耳朵的犬種。優雅的外表下，有著開朗的性格。雖然調皮吵鬧，但責任心強、多情，與其他犬種也能馬上變得親近。耳朵、胸和尾巴毛較細長，十分容易打結，需每天用梳子梳理。可愛的外表，容易被寵壞，因此可能會隨意攻擊人。在訓練時，耐心地對待，玩耍的時候，請多關愛牠們。

03

洗澡

#1 洗澡時間和毛髮長度的相對關係

如何成為喜歡洗澡的狗寶貝？

如果要讓洗澡不要變成不愉快的時間，需要讓狗寶貝感覺在玩。領養後的第一次洗澡，如果是幼犬的話，不要使用洗毛精，讓狗寶貝享受沐浴時間也是一個好方法。另外，狗主人與狗寶貝一起洗澡，也是一個好方法。洗澡這個時候是不是會想穿上潛水衣呢？！讓狗寶貝跟狗主人一起洗的話，就比較不會那麼辛苦了。

#2 愛洗澡的怪狗狗？

各式各樣的沐浴產品

狗狗的沐浴用品包括：散步後清潔腳部的香皂、清洗部分部位的Sheet洗毛精（洗毛紙巾）、不含水的噴霧洗毛精、保護皮膚的精油、按摩用的按摩精油、補水噴霧和預防腳底板因乾燥龜裂的乳液……等，種類十分多元，不過，請不要衝動過度消費。

#狗寶貝專用洗毛精 #藥用洗毛精 #洗澡次數

人類沐浴露與狗寶貝專用洗毛精的差異？

因為狗寶貝比人類的皮膚脂肪層薄，PH值更高，如果一起使用人類的沐浴露，會產生很多角質，導致罹患皮膚病，請務必使用狗寶貝專用的洗毛精。

藥用洗毛精的種類與效果如何？

狗寶貝易罹患的皮膚病種類也不相同，重要的是使用適合的洗毛精。

使用能改善發霉性皮膚炎、發炎性皮膚炎、過敏性皮膚炎和寄生蟲皮膚炎等適當的藥用洗毛精就可以了。

洗澡的次數？

以正常狀態為基準，小型犬7天到10天左右洗一次即可，大型犬1個月洗一次。如果罹患皮膚病時，使用藥用洗毛精增加洗澡的頻率。

散步後洗澡也可以嗎？

A 由於狗寶貝的皮膚層薄，如果經常洗澡的話，可能會誘發皮膚病，請適可而止。

Q 那麼，弄髒的腳該怎麼辦呢？

A 用濕紙巾輕輕地擦拭，或在

玄關附近鋪上大的濕毛巾，濕毛巾下面藏一些零食，狗寶貝在找尋零食的過程中，就會自然而然地將腳底板清潔乾淨，是一舉兩得的方法。

幫狗寶貝洗澡的方法

長毛犬或是毛髮較容易打結的狗寶貝在洗澡前，先用梳子梳理，就不會打結了。

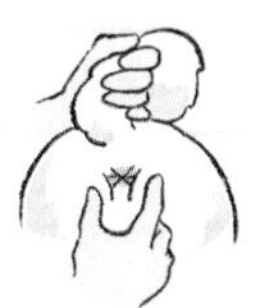

洗澡時，也可以順便擠壓肛門囊。

使用溫水從身體後面往前面淋濕。

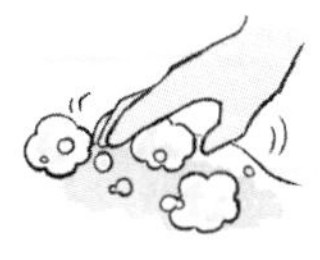

將洗毛精加水搓到起泡後，用指腹搓揉，請注意不要用指甲。

注意不要讓水進到眼睛和耳朵內，最後再清洗頭跟耳朵。

仔細地沖水，不要讓洗毛精殘留。

用毛巾充分將水擦乾。

用吹風機仔細吹乾。此時餵食狗寶貝可以咬著啃食一陣子的零食，就不會抗拒吹風機了～

Tip

針對有罹患耳疾風險的狗寶貝，需要將耳朵內部吹乾，此時要注意只能使用冷風吹乾。

犬種介紹

No.25

哈士奇 SIBERIAN HUSKY

- 產地：西伯利亞
- 體重：16～28kg　　體型：中型
- 外表特徵：像狼一般的外表
- 性格：雖然很冷淡，但喜歡人類，社交能力強
- 運動量：普通
- 注意疾病：高血壓、皮膚炎、白內障、遺傳性心室肥大
- 毛色：白色+多種斑紋顏色
- 親和性：普通　　掉毛：多

不同於領袖氣質的外表，而像狼般魅力外表的哈士奇，是喜歡人類的犬種。哈士奇名字的由來是因為吠叫的聲音粗獷才取的名字。身為阿拉斯加和北部地方愛斯基摩人的雪橇犬，耐寒冷天氣，持久力和體力豐沛。因此，需要特別注意運動量多寡，要能滿足哈士奇的運動量，相對地，狗主人也要具有驚人的體力才行。

04

美容

#1 需要美容的時期

與毛髮的戰爭！打掃家裡Know-How大公開

可以視為在家裡生活的狗寶貝，一整年來一直在換毛（雖然根據犬種不同，情況也不同）。推薦將容易取得的靜電不織布，貼在拖把上來清潔地板。或是可清洗重複使用的滾刷也很適合。將小蘇打粉灑在地毯和沙發上靜置一段時間，再予以打掃。在小蘇打吸收後，就能將小蘇打粉和毛髮一起去除。

#2 毛被剃掉後不開心的拉姆

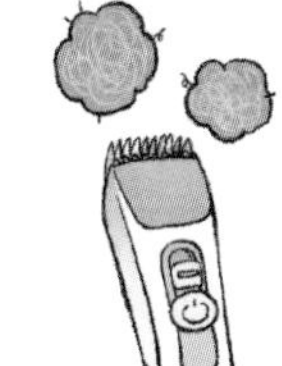

親手幫狗寶貝美容的小撇步

為了預防電動剃刀的刀刃會發燙，建議準備兩個刀刃交替使用。

1.首先，選擇愛犬喜歡的場所，盡可能選擇自然光能照射進來的明亮地方。

2.鋪上報紙或涼墊，並準備好塑膠袋、剃刀、充電器等物品。

3.準備愛犬喜歡的零食。

4.確認電動剃刀是否發燙，從面積較大的背部開始剃，再剃到臉和腳。

#領養時期 #準備物品 #睡眠時間

親自剃毛有什麼需要注意的事項嗎？

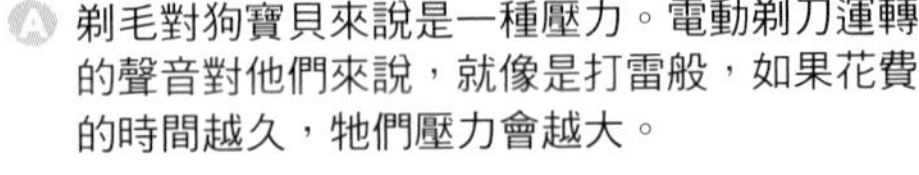

A 剃毛對狗寶貝來說是一種壓力。電動剃刀運轉的聲音對他們來說，就像是打雷般，如果花費的時間越久，牠們壓力會越大。

Q 我也是第一次當狗主人，沒有辦法剃很快，該怎麼辦？

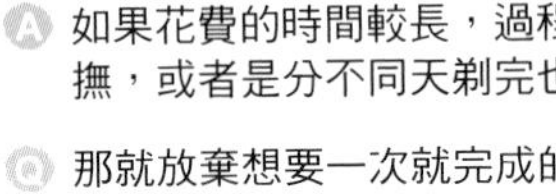

A 如果花費的時間較長，過程中可以輕輕拍打安撫，或者是分不同天剃完也是一個好方法。

Q 那就放棄想要一次就完成的想法就好了！

A 剃毛後，一定要給予獎勵，不要忘記狗主人與愛犬的關係絕對不能搞壞。

剃毛後出現的憂鬱症症狀有哪些？

有時候剃毛後，會出現因為壓力而導致的腹瀉或是嘔吐，甚至有些狗寶貝會食不下嚥。大部分最長大約一週左右會恢復，如果症狀嚴重的話，一定要帶去醫院檢查及治療。

狗寶貝也可以染毛嗎？

最近出現很多狗寶貝專用的染毛劑，只要好好遵守使用方法，並不會有什麼太大的問題。

✔梳整順序

了解有用的剃毛相關產品

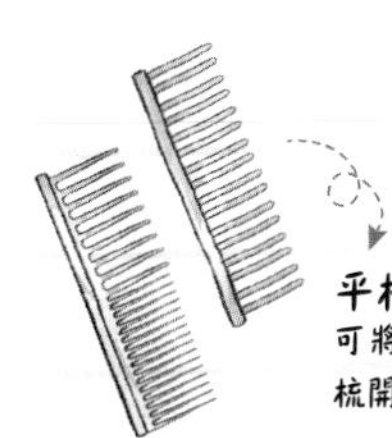

平梳（排梳）：
可將長毛犬容易打結的毛梳開，去除脫落的毛髮。

順序：
頭 -> 頸 -> 前腳 -> 下腹 -> 側面 / 背 -> 屁股 / 尾巴 / 後腳

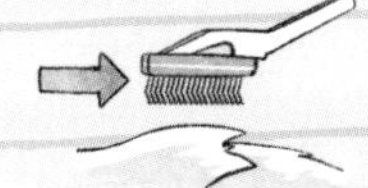

梳整毛髮：
順著毛髮生長方向

去除異物時：
逆著毛髮生長方向

鬃毛梳：
可有效地梳整短毛犬的細毛。

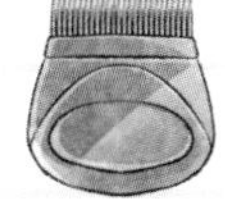

細梳：
適用於梳整長毛犬臉附近的毛髮。

針梳：
適用於將長毛犬容易打結的毛髮梳開時。

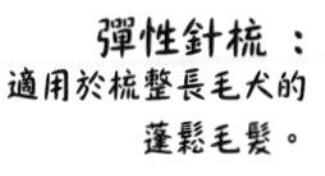

彈性針梳：
適用於梳整長毛犬的蓬鬆毛髮。

電動剃刀：
購買時，確認振動聲音較小的。

臉&腳專用的小型剃刀頭。

狗狗專用剪刀：
比人類使用的剪髮刀還銳利。

米克斯 Mix

身高、體重、尺寸、外表、個性和毛色都會遺傳自狗父母犬種的特性，淘汰劣勢基因，只留下優勢基因，將優良基因最大化的強壯犬種。但也因此會遺傳自狗父母雙方犬種易罹患的疾病，請務必特別注意狗父母遺傳性的疾病。

PART 6
與愛犬購物趣

01. 玩具、訓練用品
02. 外出必備品
03. 寵物籠、安全用品
04. 其他服飾、配件

01

玩具、訓練用品

#1 介紹朋友

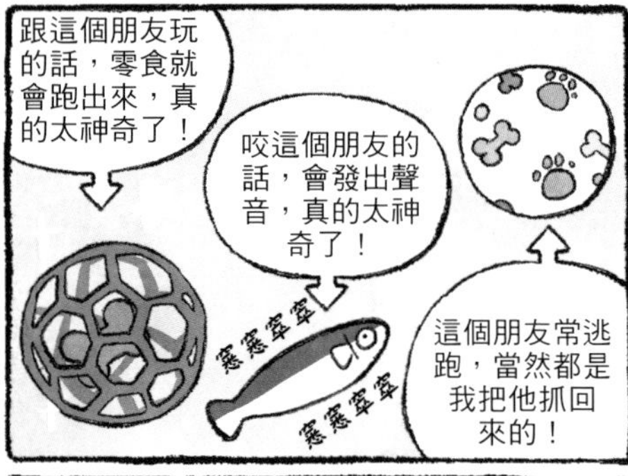

讓狗寶貝持續玩同一玩具的小撇步

狗寶貝沒有在玩玩具時，最好將玩具收到狗寶貝拿不到的地方。如果將玩具一直放在地上滾來滾去的話，狗寶貝就會對它失去新鮮感及好奇心。再者，當主人拿出玩具的那一刻，就能吸引狗寶貝的注意力。

#2 這是什麼？

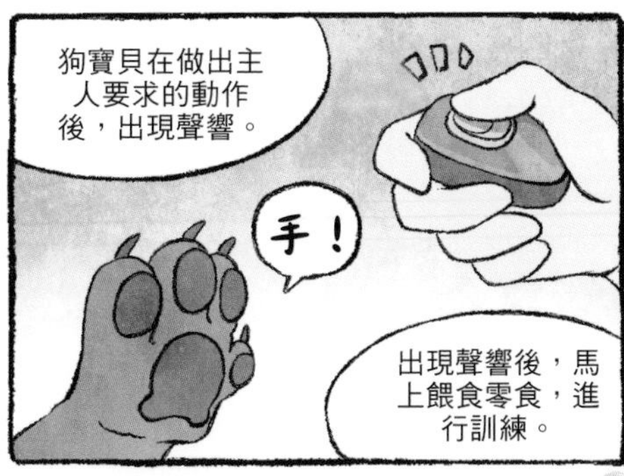

訓練上可運用的響片訓練器

狗主人要求狗寶貝做出特定的動作，按下按鈕出現響鈴後，馬上餵食零食當作補償，這樣狗寶貝就會意識到聲響與零食會一起出現。此時，重要的是不要說任何的話。聽障／視障導盲犬、輔助犬等也都會接受響片訓練，市面上也有這方面的相關書籍，有興趣的人可以自己找來閱讀。

#玩具種類 #智能型玩具

玩具的種類有哪些呢？

免費哄騙的玩具在市場上已經有許多，咬的時候出現「嗶嗶」的玩具可以哄騙狗寶貝。滾動過程中出現零食的玩具，對於好奇心強的狗寶貝也是一種好的玩具。為了活潑好動的狗寶貝，在戶外遊樂場，飛盤也是一種很適合的玩具。

玩智能型玩具再給食物的話，狗寶貝有感受到壓力嗎？

因狗寶貝的IQ低，所以不會因此感到壓力，反而會覺得有趣，亦可預防其他的壓力。

愛犬最適合的玩具

YES →
NO ⋯→

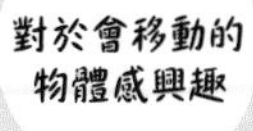

對於會移動的物體感興趣

「撿回來」的訓練完成

玩球、丟飛盤

繩狀拔河遊戲

喜歡聞味道

很敏銳、易吠叫

可以咬或咀嚼的玩偶或骨頭玩具

將零食取下吃掉的智能型玩具

出現聲音的玩具

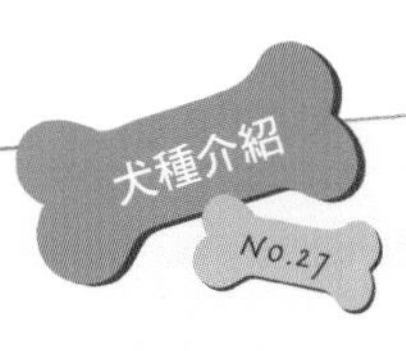

迷你杜賓 MINIATURE PINSCHER

- 產地：德國
- 體重：4～5kg　　體型：小型
- 外表特徵：雖然很細長，但結實精壯，有著大眼球和豎起的耳朵
- 性格：膽大，有自信
- 運動量：多
- 注意疾病：脫臼、骨折、白內障、青光眼、掉毛
- 毛色：紅色、黑色、黑色+黃褐色、巧克力色
- 親和性：低　　掉毛：普通

自信聰明，雖有著瘦小的身體，但對主人忠心。保護本能強，能保護主人，防範陌生人。容易吠叫，視情況也會咬人，需特別注意。力氣大，與外表精瘦樣子不符，每天都需要運動和散步來維持健康。不過，因為骨頭細長，容易骨折和脫臼，請避免跳躍和激烈運動。學習能力高，判斷能力精準，訓練上沒有什麼特別困難的地方。自尊心強，偶爾會歇斯底里，需給予多點關愛。

02

寵物籠、安全用品

#1 必備寵物籠

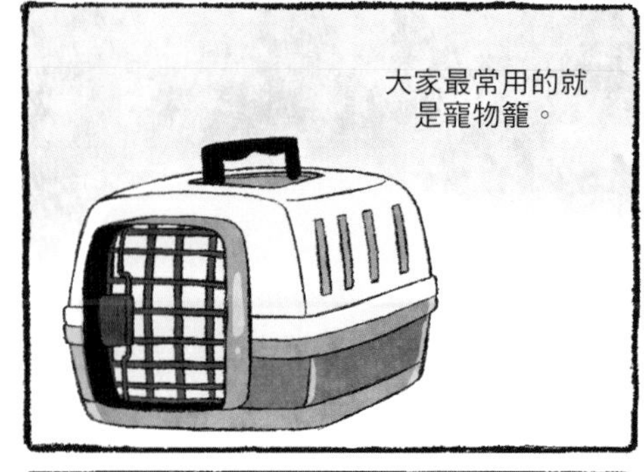

緊急情況下也很有用的寵物籠

需要與愛犬暫時分開，或是為了安全起見在空間內移動時，或者不可避免需待在侷限的空間時，請務必使用寵物籠。天然災害頻繁的日本，為了預防萬一，許多寵物籠還備有狗寶貝專用的緊急用品。

#2 基本的安全用品

柔軟材質的伊莉莎白項圈（防舔頭套）

出現傷口或是手術後，為了不讓狗寶貝舔傷口時，套上伊莉莎白項圈，能夠防止傷口暴露於細菌的威脅，避免狗寶貝用腳指甲抓，使傷口惡化。不過，套上項圈會讓狗寶貝產生壓力，請將原本的塑膠材質換成柔軟布料材質，做成環狀造型。

好奇心旺盛的狗寶貝會跳躍過去！
務必在玄關設置安全門。

#房子 #車內安全座椅

狗寶貝如果不願進去寵物籠該怎麼辦呢？

A 最簡單的方法是在裡面放狗寶貝最喜歡的零食。如果狗寶貝進去裡面，發現有喜歡的零食，之後大部分都會願意進去了。

Q 啊！零食誘惑～

選擇車內安全座椅的建議？

重要的是選擇適合體型的寵物籠及車內安全座椅。開車行進時，如果沒有進去寵物籠或使用車內安全座椅的話，可能會造成巨大的交通事故，一定要特別小心。偶爾會看見坐在駕駛座的狗寶貝，但這真的太危險了。如果不是把愛犬當成安全氣囊的話，絕對不要做這種事。

為了狗寶貝的安全，日常生活中要做的事

✓ 狗寶貝可能會吃下去的花盆或植物，請吊掛在高處或是放置於架子上。

✓ 廁所用品、清潔劑等請放在高處架子上。

✓ 垃圾桶需要有蓋子，而且即使傾倒，蓋子也不會打開。

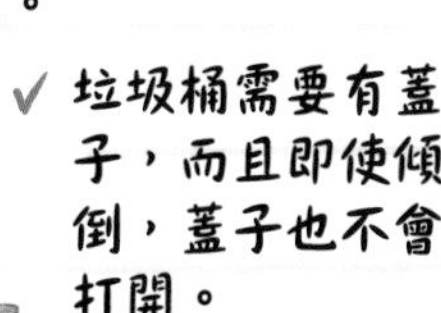

✓ 體積小的東西可能會被咀嚼或吞下去，請收起來，放在狗寶貝找不到的地方。

✓ 廚房的食物或廚房用具等請注意不要讓它掉落。

犬種介紹

No.28

美國惡霸犬 AMERICAN BULLY

- 產地：美國
- 體重：30～50kg　體型：中型
- 外表特徵：看起來短小精實的肌肉體型
- 性格：溫馴且愛撒嬌，擅長忍耐
- 運動量：多
- 注意疾病：櫻桃眼、呼吸急促
- 毛色：多種顏色
- 親和性：高　掉毛：普通

寬敞開闊的胸部和肌肉體型的美國惡霸犬，是比特犬和斯塔福郡梗交配的犬種。遺傳自有個性的比特犬的忠心，以及斯塔福郡梗卓越的社交能力，而且很會撒嬌。個性溫馴，但活潑好動，要預防意外事故的發生。很會忍耐，即使身體不舒服也不會表現出來，需要特別關心及關愛。

03

外出必備品

#1 項圈，胸背帶

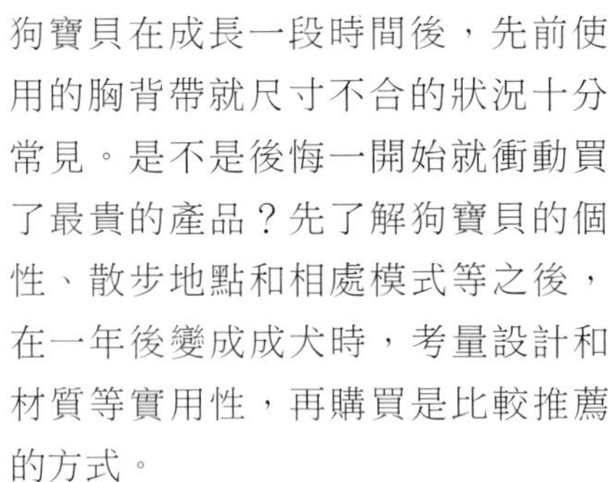

如果想購買胸背帶的話？

狗寶貝在成長一段時間後，先前使用的胸背帶就尺寸不合的狀況十分常見。是不是後悔一開始就衝動買了最貴的產品？先了解狗寶貝的個性、散步地點和相處模式等之後，在一年後變成成犬時，考量設計和材質等實用性，再購買是比較推薦的方式。

對聽覺靈敏的狗寶貝來說，戴鈴鐺項圈就像是酷刑！

#2 牽引繩使用建議

自動伸縮牽引繩在突發狀況時很危險！

可以隨意調整繩子長短的自動伸縮牽引繩實在是很方便，受到大眾的喜歡。不過活潑的狗寶貝可能會因為興奮而到處狂奔，自動伸縮牽引繩如果使用不當，可能會造成摩托車事故或汽車事故。另外，突然跑向出現的人或是追逐鳥和貓，都隱藏著危機，請務必小心再小心。

#項圈 #牽引繩推薦

有沒有推薦的項圈和牽引繩呢？

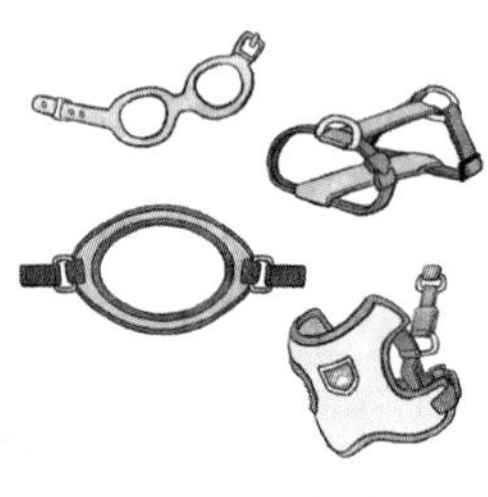

A 依據皮膚狀態和個性的不同，可以選用項圈或是胸背帶。

Q 哪一種狗寶貝使用胸背帶比較適合呢？

A 對於繫上項圈後一直想掙脫的狗寶貝，請改用胸背帶。偶爾可能會因為戴得太緊而造成皮膚受傷，所以，繫的時候請務必注意。

Q 要如何選擇牽引繩的長度與種類呢？

A 重點是選擇狗主人可以控制的長度。如果狗寶貝有咬繩子的習性，請選用堅硬的牽引繩。

討厭繫上項圈的狗寶貝

圍巾打扮的拉姆～
用柔軟的圍巾適應

有些固執的中型犬會拒絕繫上項圈。在領養後，若狗寶貝會抗拒繫上項圈或穿上胸背帶的話，可於平時將手帕繫在頸部，或是將鞋帶、領巾等圍在頸部，這是一個幫助狗寶貝適應的好方法。

犬種介紹 No.29

牛頭梗 BULL TERRIER

- 產地：英國
- 體重：20～25kg　體型：中型
- 外表特徵：肌肉體型、長臉、有個性的眼睛
- 性格：開朗、行動被制止時，具攻擊性
- 運動量：多
- 注意疾病：先天性耳聾、心臟疾病、膿皮症
- 毛色：白色、白色+黑色、白色+紅色斑點
- 親和性：普通　掉毛：普通

開朗的牛頭梗是十分活潑的犬種。對於主人及熟識的人很會撒嬌，情感豐富、力氣大，但心情不好時，會出現攻擊行為，需特別注意。個性固執，訓練上不太容易，可是非常能遵循主人的指示，若擬定合適牛頭梗的訓練方法，則可以快速地學習技能。由肌肉體型可見其體力充沛，需每天運動與散步。

04

其他服飾配件

#1 狗寶貝的時尚革命

天氣冷的時候，也可以穿衣服！

大部分的狗寶貝都是怕熱不怕冷，為了維持體溫，抵抗寒冷也是需要的手段。家裡比較冷或是冬天外出散步時，為了維持體溫，建議穿上衣服。但如果討厭穿上衣服的話，可以選擇彈性良好的魔鬼氈款式。

材質的好壞對於皮膚的負擔也不同！

#2 天啊！這個一定要買！

購買雨衣時請仔細比較

市售的雨衣種類十分多元，不同的產品各有優缺點，請務必仔細比較後再購買。舉例來說，胸口開了一個大洞的款式，散步回來後，腹部下方沾滿了泥巴，或是沒有防水的款式，下個毛毛雨也全身濕答答，或是叫雨衣，但…毫無用處的款式也有。請根據自家愛犬的狀況及習慣購買適合的雨衣。

#維持體溫 #怕冷的犬種

什麼時候一定要穿衣服？

A 外出天氣冷，需要維持體溫的時候，可能需要穿衣服。

Q 如果抗拒穿衣服的話，有沒有什麼辦法？

A 那是因為狗寶貝感到不舒服，可以選擇尺寸稍微寬大的衣服，不會阻礙活動。另外，穿上衣服後，給予零食獎勵也是一個好方法。

Q 這是一個好機會，讓那些不喜歡穿衣服的狗寶貝穿漂亮衣服！

A 請以狗寶貝的健康為出發點，而不是狗主人自己個人的私心。

Q 知道了…

有怕冷的犬種嗎？

短毛、單層毛犬種或體脂肪較少的狗寶貝會比較怕冷。
約克夏犬、巴哥犬、迷你杜賓犬、蝴蝶犬、馬爾濟斯、法國鬥牛犬、沙皮犬、臘腸犬、吉娃娃、米格魯等，都是比較怕冷的犬種。

嚴謹的健康管理比起華麗的衣裳和裝飾品更為重要。

是不是想要花錢來補償愛犬？也許漂亮的衣裳和飾品並不是為了愛犬而買。建議除了必需的衣服和用品之外，不要過度消費買一些不需要的東西。

請記住狗寶貝不是我們的玩偶，血拼要根據狗寶貝所需，為了狗寶貝而買。

珍島犬 JINDO DOG

- 產地：韓國
- 體重：16～25kg　體型：中型
- 外表特徵：八角臉形、豎立的三角形耳朵
- 性格：忠心、卓越的歸巢本能
- 運動量：多
- 注意疾病：甲狀腺機能低下
- 毛色：白色、黑色、灰色、黃色
- 親和性：低　掉毛：普通

珍島犬被指定為天然紀念物第53號，是韓國代表的本土犬種。忠心且歸巢本能卓越，無法忘記主人。如果沒有從小開始飼養，常常會發生回去找前主人的情況。由於只遵從一位主人，常接受軍犬、導盲犬訓練。不會聽從主人以外的人發號司令，也被判定無法作為其他特殊用途使用。對主人之外的陌生人保持高度警戒，一開始接近時，請務必多加小心。

PART 7 與愛犬外出記

01

溜狗禮儀

#1 狗寶貝需要散步的理由

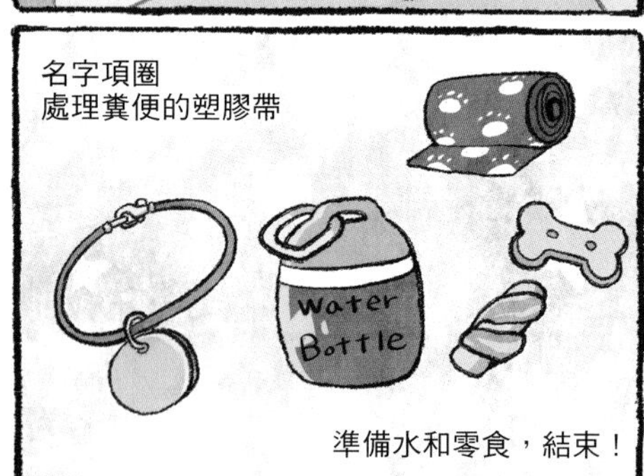

狗寶貝需要散步的理由

藉由散步，狗寶貝能夠運動，也能轉換氣氛。小型犬輕盈地行走，中、大型犬請充分地讓牠奔跑，讓運動量充足。在外面散步時，可以聞到多種的味道，聞其他狗寶貝所做的記號，尋找狗朋友的味道等。常待在室內的狗寶貝，也可以藉此轉換氣氛。

在玄關門前事先準備好散步的包包。

#2 與某人四目相接時

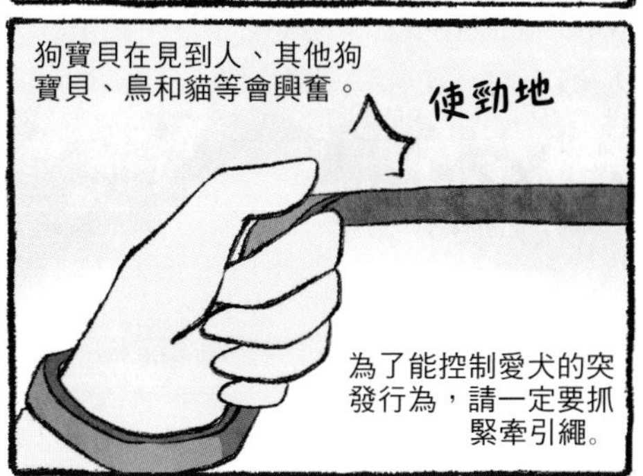

與某人四目相接時

遇見小孩子、老人、孕婦等各種人時，請務必要小心！無論再怎麼迷你的狗，還是有人會害怕小狗。出來散步遇到其他狗也是興奮的原因，如果彼此有興趣的話，會聞聞肛門的味道來打招呼。如果打架的話，趕緊拉住牽引繩，將牠們分離。當狗寶貝之間出現紛爭時，絕對不要想說要勸架，進去狗群裡抱開愛犬的行動。這樣做並不是要斥責牠，因為狗寶貝會誤認為這是主人愛牠的表現。

#散步的重要性

每天都要散步嗎？

A 一般來說，一天最好是散步2次，一次20分鐘。根據本身實際情況進行調整。

Q 散步的次數比較重要，還是散步的時間比較重要？

A 兩者都很重要。不過，還是得配合狗寶貝本身的狀況。

Q 好難喔！還有什麼要考量的呢？

A 喜歡散步，但有心臟疾病的狗寶貝要增加次數，但減少時數。狗是一種忠心的動物，即使身體不舒服，也能全力奔跑衝刺。

Q 不行！不要生病啊！我的寶貝～

散步又能維持健康：一舉兩得的散步建議

平時在清潔耳朵和修剪指甲有困難嗎？如果是喜歡散步的狗寶貝，散步兼串門子外出時，可以在其他場所試看看。與在室內不同，在外面時，由於狗寶貝心情變好，反應也會與平時不一樣。

Tip!!

- 最好是還在到處聞味道，還有一些要做的事情之前進行。
- 不要全部的指甲都在同一個時間及地點修剪，走一小段路，修剪一個是最好的。
- 耳朵清潔及修剪完指甲後，一定要給予零食做為獎勵。

杜賓犬 DOBERMANN

- 產地：德國
- 體重：32～45kg　　體型：大型
- 外表特徵：光澤細緻的短毛、紅棕色斑紋
- 性格：警戒心強、對主人服從、忠心
- 運動量：多
- 注意疾病：皮膚炎、毛囊發育不良、擴張型心肌病、胃炎、杜賓犬舞蹈症
- 毛色：黑色+紅棕色斑紋
- 親和性：普通　　掉毛：普通

經常在廣告、電視劇和電影裡面以強悍的角色登場，具有領袖風範的杜賓犬如同外型一樣，有著敏捷的身型及忠心，可以守護家裡與主人免於入侵者傷害的優秀犬種。作為軍犬、警犬、警備犬、搜救犬等，在各領域中活躍。雖然有著強悍的外表，但由於毛較短，需特別注意保暖。

02

遛狗時的注意事項 I

什麼時候開始第一次散步呢？該怎麼進行呢？

在適應社會的期間，散步會使免疫力下降，因此最好要避免與其他狗寶貝碰面。接受預防接種後，建議可以從家門前附近的地方開始經常散步，熟悉周圍的人、植物和汽車等，其他在外面經常看見的所有東西，讓狗寶貝有消化害怕及警戒的時間，這是非常重要的。

#1 理想與現實

#2 散步後回家

抗拒散步的狗寶貝該怎麼辦呢？

不是所有的狗寶貝都喜歡散步，敏感或膽小的狗寶貝可能會拒絕散步。經常練習帶出門，或是帶到家附近安靜清幽的路走一小段，也是一個好方法。利用零食或能發出聲音引起好奇心的物體，都是很好的方法。

#抗拒散步 #寵物狗

對於抗拒散步的狗寶貝該怎麼辦呢？

A 循循善誘就可以了，一步是無法登天的。

Q 有沒有更具體一點、值得嘗試看看的方法？

A 散步是非常重要的事，要培養成習慣。一開始抱著出門，或是將外面可以取得的樹葉或石頭帶回家裡，先讓狗寶貝聞聞看，這也是一種方法。或者在家裡試著踩踩各種材質（金屬、樹技等），提前體驗也是個好方法。

Q 將外面樹葉帶回家，這點還真的沒有想過！？

A 經常出門的話，對於外面的場所會變得安心，逐漸卸下心防。這時如果出現不安，再次抱在懷裡，慢慢地增長時間，增加場所數量，一方面也與其他狗寶貝見面，慢慢地就會變成喜歡散步的狗寶貝了。

Q 原來不難～

請告訴我狗寶貝及主人該具有的禮儀？

A 最近寵物狗這個單字非常流行，對我來說的意義是，令人喜愛的寵物狗，對其他人來說，可能是害怕或是恐懼般的存在。

Q 這麼一說，我一開始跟拉姆一起生活前也是蠻害怕的…

A 狗寶貝對於陌生的地方、陌生的味道很感興趣，會在特定的地方集中地聞味道，將鼻子定在一個地方不願離開。這種時候，要給予充分的時間，將繩子短短地抓住，不要硬拉著狗寶貝離開。

Q 將牽引繩短短地抓住，然後呢？

A 雖然這是基本，但大部分的人不遵守的事情中，其中一件就是大便處理，不要忘記出門時一定要將裝糞便的塑膠袋隨身攜帶。狗寶貝散步途中，不要失禮地在別人家門口小便，建議可以訓練讓狗寶貝在自家門口「解決」。

Q 竟然沒有想到小便這件事～

A 最後，要進入室內時，請穿上禮貌帶。

散步後一定要確認的事項

✓ 腳底板或肉球有沒有受傷流血？

✓ 腳底板腳蹼之間的皮膚有沒有刺、髒污或傷口？

✓ 腳是否有關節炎、扭傷等異常？

✓ 如果是耳朵垂下來蓋住的狗寶貝，確認耳朵內是否髒污？

✓ 穿戴項圈與胸背帶的部位是不是有掉毛或濕疹？

✓ 身上是否有狗蝨或跳蚤？

犬種介紹

No.32

米格魯 BEAGLE

- 產地：英國
- 體重：18～27kg　　體型：中型
- 外表特徵：長垂耳、上了睫毛膏的眼睛
- 性格：開朗、活潑
- 運動量：多
- 注意疾病：外耳炎、白內障、肥胖、癲癇、青光眼、惡性淋巴瘤
- 毛色：白色+黑色+黃褐色
- 親和性：普通　　掉毛：少

米格魯有著令人喜愛的外表和愛撒嬌的性格，不過有著獵犬本能。運動量多和常吠叫，可能會對周圍的人們帶來困擾，務必要進行訓練。貪吃又是易胖體質，需要規律地控制體型，以預防肥胖。

03

遛狗時的注意事項 II

#1 仲夏的散步行

夏天這樣子很危險！

夏天熱到發燙的瀝青柏油路，可能會對腳底及肉球造成傷害。要避免白天散步，太陽下山後，也要等到柏油路充分降溫之後，再帶出去散步。還有，在炎熱的夏天裡，將狗寶貝獨自留在車裡是非常危險的事情。在夏天散步時，須特別注意狗蝨及寄生蟲，可在事前塗上犬心絲蟲藥。

#2 夜間散步

夜間散步
要注意的事項

夏天或沒有時間時，建議可以夜間帶狗寶貝去散步。夜間散步時，一定要穿戴黑暗中可以識別的牽引繩，以及可以反射的螢光胸背帶，或是閃閃發亮的LED名牌。注意不要讓狗誤食異物，另外要特別注意的是，由於燈光昏暗，可能會找不到狗寶貝的糞便，視線請不要離開狗寶貝。

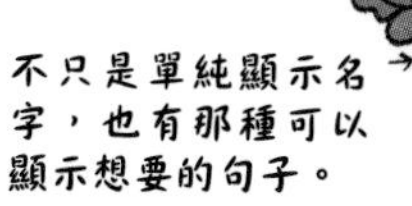

#誤食異物 #散步也要依據狀況

散步時，如果誤食異物該怎麼處置？

A 最重要的是當然要注意不要讓狗誤食，請務必隨時注意狗寶貝的一舉一動。

Q 醫生…那麼，如果萬一吃下去了…

A 如果萬一不小心誤食異物時，可能會有危害性，請務必立即帶到動物醫院。

Q 原來要無時無刻注意狗寶貝，視線不能離開。

什麼時候該避免散步？

A 空氣中懸浮粒子濃度高的日子，請儘量避免在戶外待太久，如果散步之後，請攝取充足的水分，並用濕毛巾擦拭狗寶貝全身。

Q 不出門散步的話，狗寶貝會不會感到失望…事實上，我個人是省了一事…

A 這種時候，在家裡用各種玩具遊戲來替代。

無法外出散步時，可以這麼做！

因各種原因，導致無法外出散步的時候，請用各種玩具遊戲來替代。

將飼料藏在家裡四處，讓狗寶貝找出來吃掉，或是將狗寶貝的趴墊移到家裡其他地方，稍微改變生活的環境，一起玩耍轉換無聊的氣氛也是個好方法。

✔ 準備容易到手的紙箱一起玩吧！

① 將紙箱放置在家裡四處。

② 一開始將所有紙箱裡放入飼料，讓狗寶貝找出來吃掉。

③ 第二次假裝在所有紙箱裡放入飼料，最後在幾個紙箱裡故意不放飼料。

④ ③將第三項重複幾次不同的組合放法，接著將放入飼料的箱子丟得遠遠的。

⑤ 將組合模式不斷地改變，讓遊戲不無聊且多元。

拉不拉多獵犬 LABRADOR RETRIEVER

- 產地：加拿大
- 體重：23～36kg　體型：大型
- 外表特徵：長尾巴、黃金短毛獵犬
- 性格：親切、高智商、有耐心
- 運動量：多
- 注意疾病：骨關節發育不良、關節炎、肥胖、白內障、眼瞼外翻
- 毛色：象牙色、黑色、巧克力色
- 親和性：高　掉毛：普通

毛短的黃金獵犬除了大家普遍知道的金黃色單色獵犬之外，還有象牙色、黑色和巧克力色。如相似的外表般，個性也很相似，易親近、聰明，作為警犬、災難搜救犬、緝毒犬等等。適應力強，喜歡跟著人類，可與主人及主人身邊的親友成為好朋友。但即使個性再怎麼好，由於是大型犬，力量大，還是得多多注意安全。

04

和愛犬出發去旅行

#1 出遠門玩耍去

事先為旅行做準備

1）計劃要去哪裡？交通方式？

2）如果需要過夜，事先確認是否是愛犬也可以過夜的地方。

3）事先確認旅行地點周邊，是否有空間可與愛犬一起玩耍。

4）事先準備安全座椅和寵物籠。

5）準備旅行過程中所需的物品：狗牌、項圈（胸背帶）、牽引繩、飼料（零食）、便盆、犬用急救包等等。

#2 暈車是什麼？

駕車遊玩也需要事前準備

狗寶貝有專用的暈車藥，如果需要長時間駕車，請到動物醫院索取犬用暈車藥。建議平時可以經常短距離地駕車同行，讓狗寶貝習慣搭車。

#遠距離旅行

狗寶貝適合一起遠距離旅行嗎？

A 對敏感的狗寶貝來說可能有害。假設又在沒有接受預防接種的情況下，更是危險。

Q 果然一定要接受預防接種。如果說要去旅行的話，要事先準備什麼呢？

A 確認是否會暈車？如果會的話，一定要準備暈車藥。在遠距離旅行之前，先從短距離的旅行開始體驗，讓狗寶貝慢慢適應也是一個方法。

Q 確認！再確認！還有其他注意事項嗎？

A 評估狗寶貝目前的狀況，是否適合旅行的條件才是最重要的。

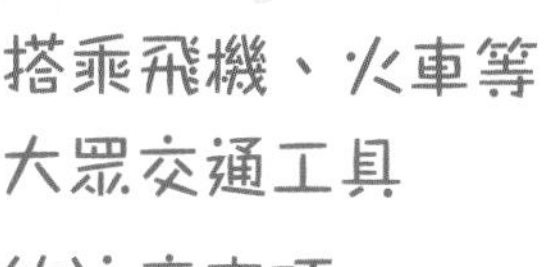

搭乘飛機、火車等大眾交通工具的注意事項

飛機（各個國家規定都不相同，請務必與航空公司確認）

1、大致上出生後8個月以上，不是懷孕中皆可搭乘。
2、根據體重的大小，決定在機艙內還是貨艙內。
3、務必確認目的地國家是否禁止寵物進入。
4、需要植入完整飼主資訊的Micro晶片。
5、出發前30天，準備動物醫院開立的一年內接受狂犬病預防接種的證明。
6、準備除了航空公司之外，另外要進入的國家是否有額外要檢查的項目或其他文件。

火車（HSR、TRA等）：需要裝入寵物籠才可搭乘

列車員可能會要求出示預防接種的證明文件，建議務必帶在身上。雖然可以搭乘標準車廂，但建議搭乘商務車廂（人較少，座位寬敞，比標準車廂空間較大，也比較舒適）。

其他大眾交通工具（巴士、捷運、計程車等）

裝入寵物籠就可以搭乘巴士和捷運，計程車的話，推薦乘坐可以攜帶寵物的寵物計程車。

邊境牧羊犬 BORDER COLLIE

- 產地：英國
- 體重：18～23kg　體型：中型
- 外表特徵：長腿、毛茸茸的耳朵、毛髮茂盛的尾巴
- 性格：警覺且熱情，喜歡跟人類相處
- 運動量：多
- 注意疾病：軟骨症、遺傳性耳背、癲癇、白內障、牧羊犬眼疾
- 毛色：黑色、黃褐色+白色
- 親和性：高　掉毛：多

以牧羊犬聞名的邊境牧羊犬，是一種擅於幫助人的優秀犬種。學習能力及運動能力出色，在飛盤等需要動作敏捷的狗寵物運動裡展露頭角。但由於十分聰明，對於一直重複的動作感到無趣，會失去對主人的信賴，不聽從命令。因此，在訓練時，請以誠懇的態度對待。如果運動量不足，會產生壓力，請務必注意運動量是否充足。

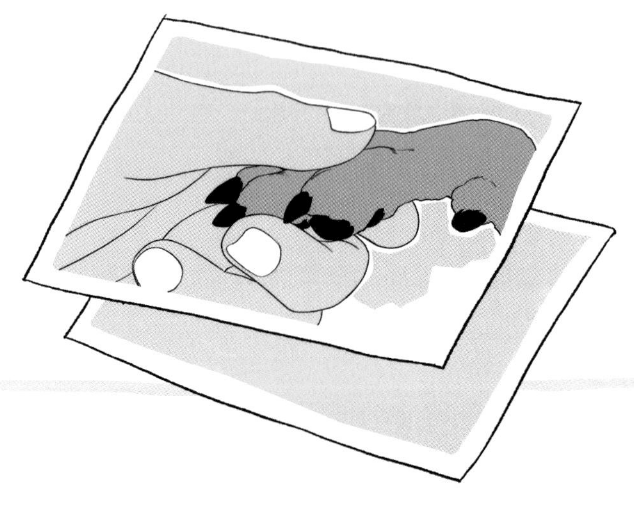

PART 8
老年和離別

01

年邁的愛犬

#1 高齡犬的日常

到處碰撞是正常的

高齡犬到處碰撞受傷是正常的。最好是打造一個可以安全移動行走的專用走道與空間。即使是短時間，帶去散步也是不錯的選擇。如果是連散步都很困難的高齡犬，小型犬就抱在懷裡，中型犬以上就用寵物推車推到戶外呼吸新鮮空氣，轉換氣氛也是很好的方法。

#2 我們家的狗寶貝竟然癡呆了

吃完飯之後，還會要求要再吃。

拍
拍

狗寶貝的癡呆症，因為這點很辛苦

白天看起來沒有力氣、沒有反應，晚上又不睡覺、亂叫，在同一個地方一直轉圈圈，最辛苦的事情是無法自己排便。照顧罹患癡呆症的狗寶貝，主人會承受很大的壓力。

散步、半身浴和按摩等對於罹患癡呆症的狗寶貝來說，可以幫助牠穩定下來。

#癡呆藥 #癡呆犬看護時期 #國外安樂死案例

狗寶貝罹患癡呆症之後，有藥可以服用嗎？

各個動物醫院都有準備測試狗寶貝癡呆症的指南，也備好了緩解痴呆症狀的藥物。與人一樣，沒有100%可以治癒癡呆症的藥物。

罹患癡呆症的狗寶貝需要看護期嗎？

最近有些動物醫院有在研擬相關方案的趨勢，預想應該不久之後就會出現。截至目前為止，還沒有動物醫院為了癡呆症增設此項服務。

請告訴我國外讓狗寶貝安樂死的案例。

比我們更早建立寵物文化的國外，有接受讓高齡犬或是罹患了嚴重疾病的狗寶貝安樂死的案例。決定安樂死之後，所有的家庭成員都會聚在一起留下美好回憶。最後一天舉辦莊嚴的派對，渡過幸福的時光，然後獸醫師會執行安樂死。

不過，安樂死只是一種手段，請充分地考量愛犬的狀況並與獸醫師討論，再作出決定。有些狗主人在選擇讓狗寶貝安樂死之後，很後悔難過。

為了防止褥瘡，替高齡犬製作床墊

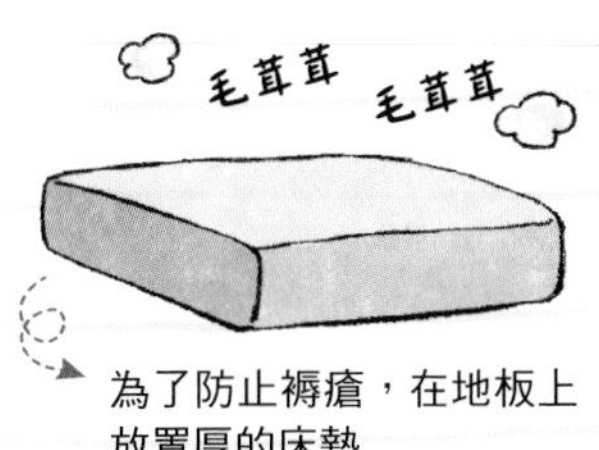

為了防止褥瘡，在地板上放置厚的床墊

在上面鋪上毛巾或是柔軟的浴巾，高齡犬的床墊製作完成

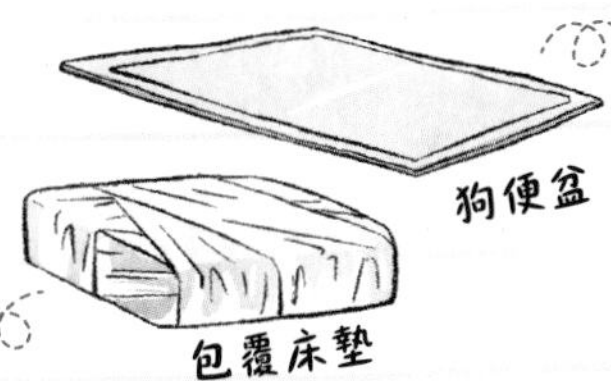

無法自由地排便，可能會出現失誤。床墊用墊子等堆疊起來，然後用吸水效果好的狗便盆墊在最下面

最好選用不會產生聲響的材質

骨頭與肌肉退化的高齡犬無法自由地活動，也無法行走，整天趴著生活的時間一長，罹患褥瘡的可能性就大幅增加。完全無法移動的高齡犬，大約每30分鐘到2小時左右才換一次姿勢。容易出現褥瘡的部位有臉、肩頰骨、關節部位和腳踝附近等部位，這部分請多加注意與觀察。

中國沙皮狗 CHINESE SHAR-PEI

- 產地：中國
- 體重：16～21kg
- 體型：中型
- 外表特徵：皺巴巴的皺紋皮膚
- 性格：比起其他犬種更愛跟著主人
- 運動量：多
- 注意疾病：眼睛疾病、口內炎、骨關節發育不良、甲狀腺低下
- 毛色：紅色、黑色、黃褐色、米色
- 親和性：低
- 掉毛：多

短且粗糙的毛、從頭到臉鬆垮的皺紋皮膚為特色的中國沙皮犬，在金氏世界紀錄上被獲選為「世界上最稀有的狗」，是非常有個性的一種狗。很愛跟隨著家人，對於陌生人高度警戒，因此在小的時候，一定要接受適應社會的訓練。具有支配的特質，與其他犬種較無法相處在一起。皺在一起的皮膚間，需要特別注意清潔。

02

去了一個很遠的地方

#1 離別準備

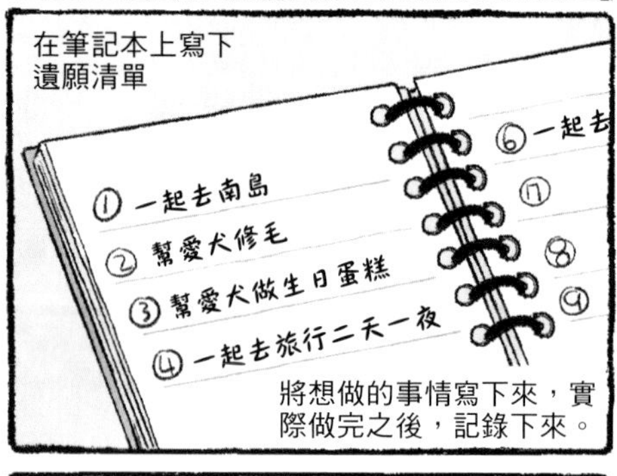

幫愛犬畫妝和舉辦喪禮

即使心裡已經早就做好準備，但當要失去愛犬的那一刻，很多狗主人還是無法承受心中的悲傷。因為離別是不會先預告的，建議事先打聽好住家附近的火葬場和葬禮的相關事項。

失去寵物症候群（Pet loss syndrome）

失去愛犬與失去家人時的感受一樣。覺得失去了所有的東西、一無所有，感覺憂鬱、自責和憤怒等。心裡的衝擊僅次於父母失去了自己的小孩。誠實地面對、表現悲傷，充分地哀悼。還有領養新狗寶貝前，給予自己充分的時間思考。

#領養時期 #準備物品 #睡眠時間

請告訴我關於安寧療護的相關資訊。

與人一樣，活得要有尊嚴，生活的品質是很重要的，狗也一樣。盡可能在活著的期間，給予舒緩痛症及生活起居照顧。

請告訴我家裡面要怎麼做安寧療護？

① 餵食處方藥
② 供給充分的氧氣
③ 餵食營養餐
④ 為預防脫水，補充足夠水分
⑤ 確認排便是否順暢
⑥ 即使無法行走了，用寵物推車推出去散步
⑦ 地板上鋪上止滑墊
⑧ 持續確認是否罹患褥瘡
⑨ 調整室內溫度及確認愛犬體溫
⑩ 輕撫耳朵或身體，協助按摩

盡最大心力照料，千萬不要自責

如果懷疑自己有憂鬱傾向，請向心理醫師與身心科醫師諮詢。吃藥或是與有相同經驗的人見面聊天對話，也都非常有幫助。想著心愛的寶貝遇到了好的飼主，帶著幸福快樂的回憶與感情離開，就會好過一點。

波士頓梗 BOSTON TERRIER

- 產地：美國
- 體重：4.5kg～11.4kg　體型：中型
- 外表特徵：結實的體型和像是受驚嚇的眼睛，圓圓扁平的臉
- 性格：溫馴、敏感
- 運動量：普通
- 注意疾病：白內障、癲癇、心臟瓣膜疾病、心臟麻痺
- 毛色：白色+黑色
- 親和性：普通　掉毛：多

個性敏感，不具攻擊性的波士頓梗對人無防備心，是一種不適合看家的犬種。怕熱，夏天要避免到室外散步。在室內時，需打開空調，管控室內溫度，以利維持體溫。個性活潑，判斷速度快，學習能力強，但波士頓梗比起訓練，更喜歡玩耍，因此，訓練時，結合訓練內容與玩耍的方法來進行是最有效率的。

出版社員工所飼養的狗寶貝

金班長（騎士查理王小獵犬）

狗主人名字：羅宰聖
狗寶貝年紀：10歲
飼養時間： 10年
特長：可以叫出爸爸，雖然其他人聽起來是「ㄤㄤ」…

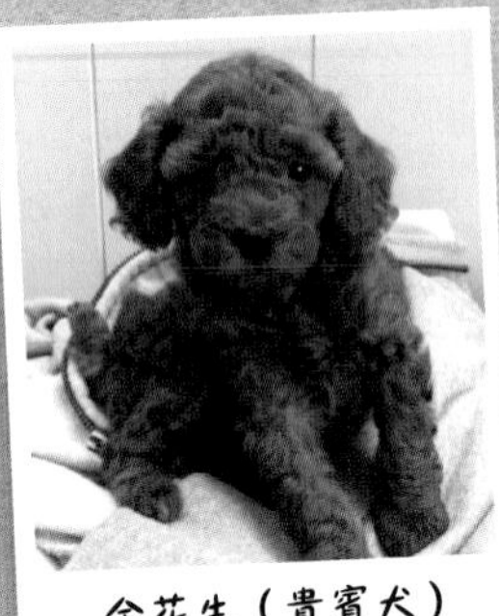

金花生（貴賓犬）

狗主人名字：金孝秀
狗寶貝年紀：6歲
飼養時間：第6年
特長：容易隨地大小便，很愛吃零食，但還是超可愛～

江勝利（貴賓犬）

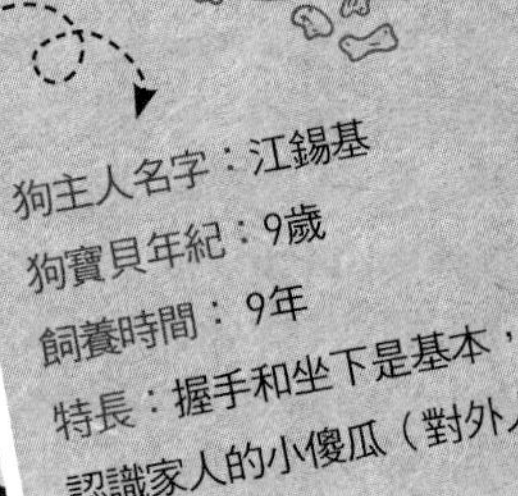

狗主人名字：江錫基
狗寶貝年紀：9歲
飼養時間： 9年
特長：握手和坐下是基本，認識家人的小傻瓜（對外人友善）

景植（馬爾濟斯犬）

狗主人名字：Powei
狗寶貝年紀：推測14歲（在便利商店前撿到的流浪犬）
飼養時間： 12年
特長：槍聲假死遊戲、起立、立正、坐下都擅長，喜歡扮演貓咪的趣味生活

奶油（馬爾濟斯犬）

狗主人名字：房惠子
狗寶貝年紀：6歲
飼養時間：6年
特長：喜歡親近人，活潑，喜歡喝流動的水

花生（混種犬）

狗主人名字：玄大

狗寶貝年紀：7歲

飼養時間：6年

特長：充沛的精神，不屈服的硬頸精神，融化木訥樸實主人的罪魁禍首

楊長今（貴賓犬）

狗主人名字：楊正花

狗寶貝年紀：5歲

飼養時間：2012年12月12日出生到現在

特長：令人目眩神迷的背影姿態散發魅力，握手跟high five是基本，能區分左手/右手、左邊/右邊的聰明女孩

小傢伙（混種犬）

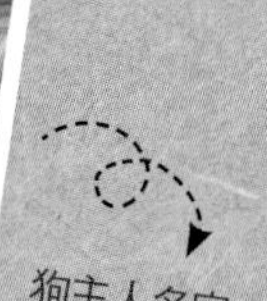

狗主人名字：閔惠珍

狗寶貝年紀：15歲

飼養時間：15年

特長：長腿跳躍，親切地走近後，3秒後即轉身背叛

崔咪咪（馬爾濟斯犬）

狗主人名字：崔汝珍

狗寶貝年紀：4歲

飼養時間：2015年2月～

特長：可愛地一直拜託「給我」、「給我」，喜歡把雞玩偶咬過來，ㄅㄧㄤˋ一聲後會裝死

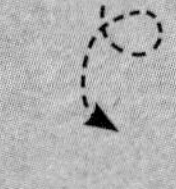

東海（混種犬）

狗主人名字：孫卿淑（委外人員）

狗寶貝年紀：5歲（推測）

飼養時間：3年

特長：喜歡親近人，有著查理王子般的反轉魅力是其秘密

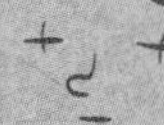

memo.

memo.

memo.

memo.

Orange Life 22

汪星人的侍奉公開說明書

——在外當社畜不如回家當孝子，有了毛孩讓你不再感到孤單

圖／文　吳侖度

作　　者　吳侖度

編審/諮詢　車鎮元 獸醫師

翻　　譯　蔡宗仁

總 編 輯　于筱芬　CAROL YU, Editor-in-Chief

副總編輯　謝穎昇　EASON HSIEH, Deputy Editor-in-Chief

行銷經理　陳順龍　SHUNLONG CHEN, Marketing Manager

美術設計　楊雅屏　Yang Yaping

製版／印刷／裝訂　皇甫彩藝印刷股份有限公司

出版發行

橙實文化有限公司 CHENG SHIH Publishing Co., Ltd

ADD／桃園市大園區領航北路四段382-5號2樓

2F., No.382-5, Sec. 4, Linghang N. Rd., Dayuan Dist., Taoyuan City 337, Taiwan（R.O.C.）

MAIL: orangestylish@gmail.com

粉絲團 https://www.facebook.com/OrangeStylish/

經銷商

聯合發行股份有限公司

ADD／新北市新店區寶橋路235巷弄6弄6號2樓

TEL／（886）2-2917-8022　FAX／（886）2-2915-8614

初版日期 2022年4月